航空材料产业
专利分析报告

陈汉君　赵国璧◎著

知识产权出版社
全国百佳图书出版单位
—北京—

图书在版编目（CIP）数据

航空材料产业专利分析报告/陈汉君，赵国璧著. —北京：知识产权出版社，2023.7
ISBN 978-7-5130-8802-2

Ⅰ.①航… Ⅱ.①陈… ②赵… Ⅲ.①航空材料—专利—分析—研究报告—世界 Ⅳ.①V25-18

中国国家版本馆 CIP 数据核字（2023）第 114872 号

内容提要

本书利用国内外多个知名数据处理平台对航空材料产业各相关子领域进行专利计量分析。参考材料特性、具体应用领域，依据行业专家的相关意见，将相关技术分为合金材料、陶瓷材料、复合材料、机身结构四个子领域，对这四个子领域从专利申请趋势、专利技术集中度、专利技术输出重点国家或地区、领先企业的技术优势等进行初步统计与分析，期望能为我国航空材料产业相关企业在洞察技术创新趋势、竞争格局，发现技术合作机会，预测未来发展趋势等方面提供支持。

本书可供航空材料产业相关从业人员阅读。

责任编辑：武　晋		责任校对：潘凤越	
封面设计：邵建文　马倬麟		责任印制：孙婷婷	

航空材料产业专利分析报告

陈汉君　赵国璧　著

出版发行：知识产权出版社有限责任公司　　　　网　　址：http://www.ipph.cn
社　　址：北京市海淀区气象路 50 号院　　　　邮　　编：100081
责编电话：010-82000860 转 8772　　　　　　 责编邮箱：windy436@126.com
发行电话：010-82000860 转 8101/8102　　　 发行传真：010-82000893/82005070/82000270
印　　刷：北京中献拓方科技发展有限公司　　 经　　销：新华书店、各大网上书店及相关专业书店
开　　本：787mm×1092mm　1/16　　　　　　 印　　张：13.5
版　　次：2023 年 7 月第 1 版　　　　　　　　印　　次：2023 年 7 月第 1 次印刷
字　　数：310 千字　　　　　　　　　　　　定　　价：88.00 元
ISBN 978-7-5130-8802-2

航空材料产业是一个高度技术驱动的产业，通过分析航空材料产业相关的专利数量、发展趋势和分布情况，可以了解相关技术创新动态和发展状况。本书利用国内外多个知名数据处理平台对航空材料产业各相关子领域进行专利计量分析，并对分析结果进行一定程度上的总结。

航空材料产业专利数量多且分类复杂，我们在分类上参考材料特性、具体应用领域，依据行业专家的相关意见，将航空材料产业相关的技术分为合金材料、陶瓷材料、复合材料、机身结构四个子领域。然后，对这四个子领域从多个维度进行分析，包括专利申请趋势、专利技术集中度、专利技术输出重点国家或地区、领先企业的技术优势等。

本书编写分工如下：陈汉君负责本书框架设计，主要执笔前言、第2~5章；赵国璧参与本书框架设计，主要执笔绪论和第1章。本书的价值在于：通过对航空材料产业进行专利数据分析，尝试从专利分析的角度提出一些有价值的分析结果，期望能在一定程度上为我国航空材料产业相关企业在洞察技术创新趋势、竞争格局，发现技术合作机会，预测未来发展趋势等方面提供支持。这些分析结果还可以为企业和研究机构的决策提供重要参考和支持，进而促进航空材料产业的发展和创新。

Contents / 目录

绪　论

研究背景

1. 技术概况

航空材料一直是航空工业领域的重要研究方向，其发展现状和趋势主要表现在以下几个方面。

复合材料的应用不断拓展：复合材料由于其高强度、轻质、耐腐蚀等优点，在航空工业中应用广泛。随着复合材料工艺的不断改进和成本的不断降低，其应用范围也在不断扩大，包括机翼、机身、发动机外壳等部件。

金属材料持续优化升级：金属材料是航空工业中不可或缺的材料，如铝合金、钛合金等。目前，金属材料的研发方向主要是提高强度和刚度、降低重量、提高耐腐蚀性、提高高温性能等方面，以满足航空工业对材料性能不断提高的要求。

先进材料陆续涌现：随着科技的不断发展，一些新型材料也开始应用于航空工业，如高分子材料、纳米材料等，这些材料的特殊性能可以为航空工业的发展提供更多可能。

轻量化成为主流：航空工业对于材料的轻量化要求越来越高，以降低航空器的重量、提高燃油效率、减少对环境的污染。因此，轻量化也成为航空材料研发的主流方向，各种材料的轻量化研究都备受关注。

追求环保材料：环保材料成为当前研究的热点，如可再生材料、生物基材料等。这些材料可以降低航空工业的碳排放量，从而为环境保护做出贡献。

总之，随着航空工业的不断发展，对于材料性能的要求越来越高。航空材料的发展趋势呈现多样化、轻量化、高性能化和环保化。

现阶段，数字技术具有信息存储量大、使用便捷、实用性强以及检索速度快等一系列优势，与计算机技术、通信技术并称为三大信息技术支柱，在知识产权数据库的建设中发挥着不可忽视的重要作用。而专利可以反映技术进步情况和技术创新能力，是衡量创新型国家的重要指标之一。专利分析成为研究技术创新和科研管理的重要指标，以及捕捉技术变革所有权与竞争优势信息的指标。随着世界科技竞争和经济竞争

的加剧，专利分析研究越来越受到政府部门、企业、科研机构的重视，应用范围日益广泛。❶

2. 产业现状

航空材料工业技术发展大致可以分为以下几个阶段。

金属时代：早期的航空器主要采用金属材料，如铝合金、钢铁等，这些材料具有较高的强度和韧性，但也存在重量大、易腐蚀等缺点。

复合材料时代：20世纪60年代，复合材料开始广泛应用于航空领域，这些材料具有轻质、高强度、耐腐蚀等特点，可以显著提高飞行器的性能和使用寿命。随着技术的进一步发展，更多的复合材料应用于航空领域，例如碳纤维、玻璃纤维等。

先进材料时代：航空技术的不断发展对材料的性能提出了更高的要求，例如高温性能、耐磨损、耐腐蚀、防火等特性。因此，一系列先进材料逐渐应用于航空领域，例如高温合金、陶瓷材料等。这些材料可以提高飞行器的性能和安全性，促进航空技术的不断进步。

智能材料时代：随着航空领域对于智能化、自适应性等特性的需求不断增加，智能材料逐渐得到应用，例如形状记忆合金、纳米材料等。这些材料可以实现飞行器的自适应、智能化控制，提高飞行器的安全性和操作性。

复合材料和先进材料的应用推动了航空材料工业技术的快速发展。未来，智能材料等新材料的应用也将为航空材料产业带来新的发展机遇。

全球航空材料产业市场规模庞大，根据市场研究机构的报告，截至2021年底，全球航空材料产业市场规模约为220亿美元，并有望在未来几年内以每年约6%的复合增长率增长。航空材料是航空制造业的关键组成部分，应用于航空器的各种组件，包括机身、发动机、翼面、螺旋桨和其他部件。

航空材料包括多种类型的材料，如金属、复合材料、高温合金、塑料和陶瓷等。在这些材料中，航空复合材料是最大的细分市场之一，预计在未来几年内将保持较高的增长率。

此外，高温合金、超轻金属、耐磨材料等先进材料也将是航空材料产业市场的增长点。高温合金在高温下具有良好的耐腐蚀性和抗氧化性，可用于航空器的发动机和其他高温部件。超轻金属具有良好的强度和刚度，可用于制造轻量化的航空器部件。耐磨材料则可以提高部件的寿命和性能。

地区分布上，北美、欧洲和亚太地区是全球主要的航空材料产业市场，其中北美市场占据了最大的份额。未来，随着亚太地区航空产业的不断发展和航空材料的需求增加，其市场规模也有望继续增长。

随着社会的发展以及时代的进步，我们国家的经济水平有了很大提升，经济的迅速发展无疑在极大程度上促进了社会的发展。航空材料产业作为我国在可持续发展背景之下所提出的战略性工程，其发展水平的高低将会直接影响国家的经济社会发展。

---

❶ 任峰，董莎，陈汉君. 大数据环境下知识产权数据库建设研究 [J]. 科学与信息化，2018 (23)：9—10.

为了更好地促进行业交流与技术发展，我国正在不断加大航空材料产业基地建设力度，进一步完善工程整合与资源配置。

研究对象和方法

1. 数据获取

本书使用从国家知识产权局数据开放途径获取的已公开的知识产权数据。利用专利组合分析方法对国内外航空材料技术的专利情报进行深入研究，利用专利数据分析工具对国内外航空材料技术领域中的核心专利进行筛选，并将技术发展趋势进行数据可视化处理。通过对关联性技术的分析，揭示航空材料技术研究的主要方向及发展路线。

2. 数据加工标准

本书所用数据加工标准如下。

（1）中华人民共和国知识产权行业标准（ZC 0008—2012）：《中国专利文献种类标识代码》。

（2）中华人民共和国知识产权行业标准（ZC 0009—2012）：《中国专利文献著录项目》。

（3）中华人民共和国知识产权行业标准（ZC 0005—2012）：《专利公共统计数据项》。

（4）中华人民共和国知识产权行业标准（ZC 0014—2012）：《专利文献数据规范》。

（5）国家知识产权局：国际专利分类表（2019 版）。

（6）国家知识产权局：国际专利分类表（2020 版）。

（7）国家知识产权局：国际专利分类表（2021 版）。

（8）国家知识产权局：国际外观设计分类（洛迦诺分类）。

（9）世界知识产权组织（WIPO）：《商标注册用商品和服务国际分类表》NCL（11 - 2021）。

1.1　全球专利申请趋势

图 1-1 展示的是航空材料产业全球专利申请量在 2012—2021 年的发展趋势。❶❷ 2012—2016 年，航空材料产业全球专利申请量快速增加，2016 年航空材料产业全球专利申请量为 22741 件。2016—2019 年，航空材料产业全球专利申请量呈平稳上升趋势，2019 年专利申请量达到顶峰，为 26323 件。2019—2021 年，航空材料产业全球专利申请量呈下降趋势，2021 年航空材料产业全球专利申请量为 20349 件。

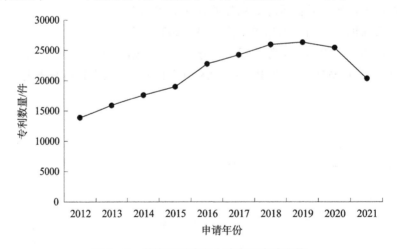

图 1-1　航空材料产业全球专利申请趋势

❶ 通过专利申请趋势可以从宏观层面把握分析对象在各时期的专利申请热度变化。专利申请数量的统计范围是已公开的专利。一般发明专利在申请后 3～18 个月公开，实用新型专利和外观设计专利在申请后 6 个月左右公开。

❷ 本书数据检索截止时间为 2022 年 10 月 1 日。

1.2　全球专利公开趋势

图 1-2 展示的是航空材料产业全球专利公开量在 2012—2021 年的发展趋势。❶
2012—2021 年，航空材料产业全球专利公开数量呈现持续快速上升趋势，2012 年航空材料产业全球专利公开量为 12463 件，2021 年达到顶峰，全球专利公开量为 36191 件。

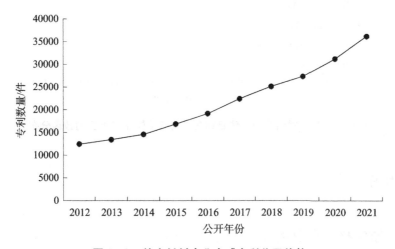

图 1-2　航空材料产业全球专利公开趋势

1.3　全球专利来源国家或地区分布

图 1-3 展示了航空材料产业全球专利在主要申请国家或地区的数量分布情况。❷中国、美国、日本是航空材料产业全球专利重点申请国家，数量分别为 131492 件、55456 件、54214 件。紧跟其后的为欧洲专利局 2448 件、英国 11341 件。

航空材料产业全球专利申请国家或地区的数量分布情况表明，中国、美国、日本等国家和地区是航空材料产业全球专利布局的主要区域，企业可以跟踪、引进和消化相关领域技术，在此基础上实现技术突破。

---

❶　通过专利公开趋势可以从宏观层面把握分析对象在各时期的专利公开数量变化。
❷　通过专利数量的地区分布情况，可以了解分析对象在不同国家或地区技术创新的活跃情况，从而发现主要的技术创新来源地区和重要的目标市场。对各个国家或地区专利情况分析时，按习惯顺序展开。

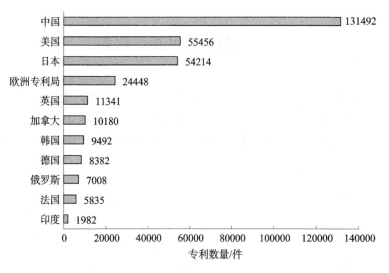

图 1-3　航空材料产业全球专利在主要申请国家或地区的数量分布

1.3.1　中国

1.3.1.1　航空材料产业概况

1. 研究背景

航空产业的发展需求：随着中国经济的快速发展和国际市场的不断扩大，中国航空产业的发展需求越来越迫切。航空材料是航空产业的重要组成部分，直接关系到飞机的安全性能、飞行效率、经济性和环境保护等方面。因此，研究航空材料产业的发展趋势和技术路线，具有重要的现实意义和战略意义。

技术创新和产业升级需求：航空材料产业具有高科技和高附加值的特征，需要不断进行技术创新和产业升级，以提高产品的质量、性能和竞争力。特别是在新材料、高温合金、复合材料等领域，需要不断进行研究和开发，以适应现代航空产业的发展需求。

国际市场竞争压力：随着全球化的发展，中国航空材料产业面临国际市场竞争的巨大压力。为了提高产业竞争力和国际地位，需要进行深入的市场分析和战略规划，以寻找切入点和发展方向。

资源和环境约束：航空材料产业发展需要大量的资源和能源，同时也会产生大量的废水、废气和废渣等，带来一系列环境问题。在资源和环境约束日益加强的今天，研究如何实现航空材料产业的可持续发展，具有重要的理论和实践意义。

2. 技术发展概况

发展历程：中国航空材料工业技术的发展可以追溯到20世纪50年代，中国开始研制生产飞机、导弹和火箭等军工产品所需的金属材料和非金属材料。20世纪80年代末，中国开始进口航空材料，并逐渐建立了自己的航空材料工业体系。20 世纪 90 年代，中国航空材料工业技术逐渐成熟，开始涉足商业航空领域，与国际先进水平逐渐接轨。

主要发展方向：中国航空材料工业技术的主要发展方向包括高温材料、复合材料、金属材料、轻质材料等。其中，高温材料是航空发动机等关键零部件所需的重要材料，中国在这方面的研究取得了一些重要进展。此外，随着航空工业的发展，复合材料也越来越受到重视。

关键技术突破：中国在航空材料工业技术方面取得了一些关键技术突破，包括高性能碳纤维、高温合金、复合材料等。此外，中国在轻质材料、高强度钛合金、镁合金等领域也取得了一些进展。

应用领域：中国的航空材料工业技术主要应用于航空发动机、机身、机翼、起落架等方面。此外，也应用于航天、军工、能源等领域。

总的来说，中国航空材料工业技术发展取得了很大的进展和成就。未来，中国的航空材料工业技术仍将不断提升，为中国航空工业的发展注入新的活力。

3. 市场规模

市场规模：2019 年，中国航空材料市场规模已经达到 116.8 亿元，约合 16.05 亿美元。

市场份额：航空材料市场中，金属材料仍然占据主要的市场份额，但是随着航空工业技术的不断发展，轻质、高强度的复合材料和高温材料的需求逐渐增加，将成为未来市场的增长点。预计到 2025 年，复合材料市场份额将达到 22.4%。

应用领域：航空材料主要应用于飞机、导弹、卫星等领域。其中，商用飞机市场需求占据主要市场份额，预计到 2025 年，商用航空材料市场规模将达到 1250 亿元左右。此外，随着国防需求的不断增加，军用航空材料市场也将保持稳定增长。

区域分布：中国航空材料市场主要分布在华东、华北和华南地区，其中华东地区占据 45.2% 的市场份额。此外，中国的航空材料产业已经开始向西部地区扩张，未来西部地区的市场份额也将逐渐增加。

综上所述，中国航空材料的市场规模正在不断扩大，并将继续保持快速发展态势。

1.3.1.2 专利申请趋势

图 1-4 展示的是航空材料产业国内专利申请量在 2012—2021 年的发展趋势。2012—2020 年，航空材料产业国内专利申请量快速增加，2020 年航空材料产业国内专利申请量达到峰值，为 15423 件。2021 年，航空材料产业国内专利申请量出现下滑，专利申请量为 14794 件。

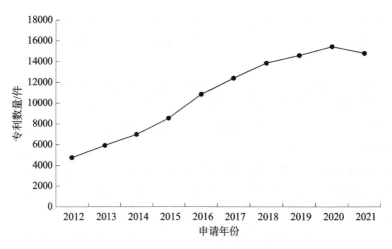

图1-4 航空材料产业国内专利申请趋势

1.3.1.3 专利公开趋势

图1-5展示的是航空材料产业国内专利公开量在2012—2021年的发展趋势。2012—2014年，航空材料产业国内专利公开量呈现平稳上升趋势。2014—2021年，航空材料产业国内专利公开量呈现较快增长趋势，2021年达到峰值，专利公开量为20550件。

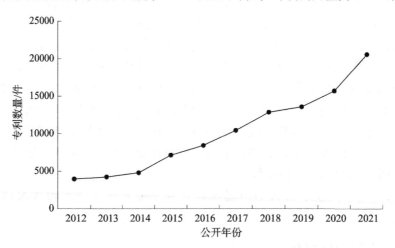

图1-5 航空材料产业国内专利公开趋势

1.3.1.4 专利类型分布

图1-6展示的是航空材料产业国内专利类型分布。❶ 经过检索，获得航空材料产业国内专利共131492件。其中，发明申请58092件，占总数的44.2%；发明授权

---

❶ 专利类型分为发明专利、实用新型专利、外观设计专利。根据发明专利授权与否，又将其细分为发明申请和发明授权。

47118件，占总数的35.8%；实用新型26118件，占总数的19.9%；外观设计164件，占总数的0.1%。

1.3.1.5　专利法律状态分布

图1-7展示的是航空材料产业国内专利处于有效、失效、审中三种状态的占比情况。[❶]其中，有效专利57078件，占总数的43.4%；失效专利47695件，占总数的36.3%；审中专利26716件，占总数的20.3%。

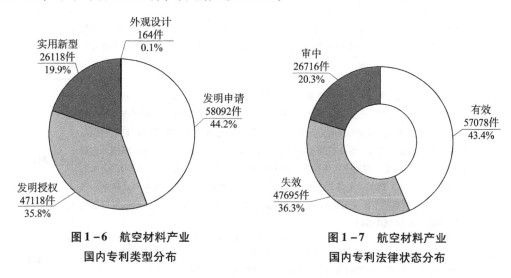

图1-6　航空材料产业
国内专利类型分布

图1-7　航空材料产业
国内专利法律状态分布

1.3.1.6　专利技术领域分布

表1-1展示的是航空材料产业国内专利主要技术构成情况。[❷]对航空材料产业国内专利按照国际专利分类号（IPC）进行统计的结果显示，排在第一位的是C22C小类，专利数量为8408件；其次是C08L小类，专利数量为8296件；排在第三位的是B29C小类，专利数量为5927件；排在第四位的是G01N小类，专利数量为5884件；排在第五位的是C04B小类，专利数量为4972件。

表1-1　航空材料产业国内专利技术领域分布（小类）

排名	国际专利分类号（IPC）小类	专利数量/件
1	C22C：合金（合金的处理入C21D、C22F）	8408
2	C08L：高分子化合物的组合物（基于可聚合单体的组成成分入C08F、C08G；人造丝或纤维入D01F；织物处理的配方入D06）	8296

---

❶　仅统计中国专利。通过专利法律状态分析可以了解分析对象中当前已获得实质性保护、已失去专利权保护和正在审查中的专利数量，从整体上掌握专利的权利保护和潜在风险情况，为专利权的法律性调查提供依据。同时，可以筛选进入公知技术领域的失效专利，进行无偿使用或改进利用。

❷　通过技术构成分析，可以了解分析对象覆盖的技术类别及各技术分支的创新热度。由于一件专利可能对应不止一个专利分类号，故技术构成分析时，专利数量统计存在重叠情况。

排名	国际专利分类号（IPC）小类	专利数量/件
3	B29C：塑料的成型连接；塑性状态材料的成型，不包含在其他类目中的；已成型产品的后处理，例如修整（制作预型件入 B29B 11/00；通过将原本不相连接的层结合成为各层连在一起的产品来制造层状产品入 B32B 7/00 至 B32B 41/00）	5927
4	G01N：借助于测定材料的化学或物理性质来测试或分析材料（除免疫测定法以外包括酶或微生物的测量或试验入 C12M，C12Q）	5884
5	C04B：石灰；氧化镁；矿渣；水泥；其组合物，例如砂浆、混凝土或类似的建筑材料；人造石；陶瓷（微晶玻璃陶瓷入 C03C10/00）；耐火材料（难熔金属的合金入 C22C）；天然石的处理	4972
6	C23C：对金属材料的镀覆；用金属材料对材料的镀覆；表面扩散法，化学转化或置换法的金属材料表面处理；真空蒸发法、溅射法、离子注入法或化学气相沉积法的一般镀覆（挤压法制造包覆金属的产品入 B21C23/22；通过将预先存在的薄层连接到制品上的方法用金属进行镀覆处理的见各有关位置，例如 B21D39/00，B23K；玻璃的金属化入 C03C；砂浆、混凝土、人造石、陶瓷或天然石的金属化入 C04B41/00；金属的搪瓷或向金属上镀覆玻璃体层入 C23D；用电解法或电泳法处理金属表面或镀覆金属入 C25D；单晶膜生长入 C30B；纺织品的金属化入 D06M11/83；用局部金属化法装饰纺织品入 D06Q1/04）	3457
7	C08G：用碳－碳不饱和键以外的反应得到的高分子化合物（发酵或使用酶的方法合成目标化合物或组合物或从外消旋混合物中分离旋光异构体入 C12P）	3449
8	B23K：钎焊或脱焊；焊接；用钎焊或焊接方法包覆或镀敷；局部加热切割，如火焰切割；用激光束加工（用金属的挤压来制造金属包覆产品入 B21C23/22；用铸造方法制造衬套或包覆层入 B22D19/08；用浸入方式的铸造入 B22D23/04；用烧结金属粉末制造复合层入 B22F7/00；机床上的仿形加工或控制装置入 B23Q；不包含在其他类目中的包覆金属或金属包覆材料入 C23C；燃烧器入 F23D）	3445
9	B23B：车削；镗削（用电极代替工具入 B23H，例如加工孔入 B23H9/14；用激光束加工入 B23K26/00；仿形或控制装置入 B23Q）	3253
10	B22F：金属粉末的加工；由金属粉末制造制品；金属粉末的制造（用粉末冶金法制造合金入 C22C）；金属粉末的专用装置或设备	3203

1.3.1.7 国内专利申请人排名

表 1-2 展示的是按照所属申请人（专利权人）的专利数量统计的航空材料产业国内专利主要申请人排名情况。❶

---

❶ 通过主要申请人分析，可以发现创新成果积累较多的专利申请人，据此可进一步分析其专利竞争实力。其中，检索时以标准申请人为准。

表 1-2 航空材料产业国内专利主要申请人排名

排名	申请人	专利数量/件
1	哈尔滨工业大学	1724
2	南京航空航天大学	1623
3	北京航空航天大学	1506
4	西北工业大学	1287
5	东华大学	1051
6	上海交通大学	1017
7	西安交通大学	982
8	中南大学	954
9	大连理工大学	852
10	吉林大学	851
11	波音公司	850
12	江苏大学	807
13	中国科学院金属研究所	797
14	中国航发北京航空材料研究院	699
15	北京科技大学	697
16	中国科学院宁波材料技术与工程研究所	649
17	清华大学	632
18	华南理工大学	620
19	华中科技大学	610
20	北京工业大学	561
21	浙江大学	559
22	天津大学	554
23	山东大学	500
24	北京理工大学	492
25	武汉理工大学	470
26	航天特种材料及工艺技术研究所	452
27	四川大学	422
28	北京化工大学	417
29	电子科技大学	414
30	重庆大学	404
31	通用电气公司	403
31	中国航空工业第一集团公司北京航空材料研究院	403
33	昆明理工大学	393

排名	申请人	专利数量/件
34	中国航发商用航空发动机有限责任公司	386
35	东南大学	384
36	东北大学	364
37	南京理工大学	363
38	中北大学	350
39	中国航发沈阳黎明航空发动机有限责任公司	338
39	上海大学	338
41	陕西科技大学	329
42	太原理工大学	315
43	中国有研科技集团有限公司	314
44	南昌航空大学	310
45	中国运载火箭技术研究院	303
46	广东工业大学	288
47	中国科学院兰州化学物理研究所	284
48	空中客车运营简化股份公司	283
48	斯奈克玛公司	283
50	中国科学院上海硅酸盐研究所	279

1.3.2　美国

1.3.2.1　航空材料产业概况

1. 发展现状及前景分析

美国航空材料产业的发展一直处于领先的状态，涉及航空材料的研发、生产、销售和应用等各个方面，所涉材料包括金属材料、复合材料、高温材料、陶瓷材料、塑料等多种材料。

随着全球航空产业的快速发展，美国航空材料产业也在持续壮大。首先，新材料的发展已经成为其航空产业发展的重要推动力量。开发具备高强度、轻质、耐高温、耐腐蚀等特性的材料已成为美国航空材料产业的主要方向。其次，数字化、智能化技术的应用正在改变美国航空产业的制造方式和供应链，推动其向智能化、高效化转型，这也为美国航空材料产业带来了新的发展机遇。

美国航空材料产业也面临新的机遇和挑战。一方面，随着航空产业的不断发展，航空材料产业将继续发挥重要作用，提供高品质、高性能的材料和解决方案。另一方面，环保和可持续发展已经成为全球航空产业发展的重要趋势，因此，美国航空材料产业同样需要继续探索和开发更环保、更可持续的材料和技术，以满足市场需求。此外，航空产业的全球化趋势也将为美国航空材料产业带来新的市场机遇和挑战。

2. 技术发展历程

美国航空材料产业的技术发展历程可以追溯到 20 世纪初，随着飞机的问世，材料的选用和性能变得至关重要。以下是美国航空材料产业技术发展历程中的一些重要里程碑事件。

1903 年，莱特兄弟成功实现了第一次飞行，开启了飞机时代。当时，木材、织物等材料广泛应用于飞机的制造。

20 世纪 20 年代和 30 年代，铝合金逐渐取代木材和织物成为主要的航空材料，广泛应用于飞机的制造。

20 世纪 40 年代，美国航空产业迅速发展，生产了大量军用飞机。同时，轻合金和钛合金等新型材料开始应用于航空领域。

20 世纪 50 年代和 60 年代，随着喷气式飞机和火箭技术的发展，高温合金和耐腐蚀合金等特殊材料得到广泛应用。

20 世纪 70 年代和 80 年代，高性能复合材料逐渐被引入航空领域，如碳纤维、玻璃纤维和复合材料等。

20 世纪 90 年代和 21 世纪初，先进的合金材料、复合材料和新型陶瓷材料等得到广泛应用。此外，先进的制造技术，如计算机控制加工、快速成型和增材制造等技术也广泛应用于航空制造。

21 世纪，美国航空材料产业继续推进新材料、新工艺和新技术的开发和应用，例如高强度和高韧性的金属材料、多功能材料、可回收材料和生物基材料等。

3. 全球市场规模

美国是全球航空材料产业的领先国家之一，其航空材料产业的全球市场规模已经达到数百亿美元。

根据市场研究公司的数据，美国航空材料产业的全球市场规模在未来几年内有望稳步增长。预计到 2026 年，全球航空材料市场规模将达到 272.8 亿美元，年复合增长率约为 6.9%，其中美国航空材料市场占据很大的份额。

1.3.2.2　专利申请趋势

图 1-8 展示的是 2012—2021 年航空材料产业在美国的专利申请量的发展趋势。2012—2016 年，航空材料产业在美国的专利申请量呈增加趋势，2016 年专利申请量为 3065 件。2016—2019 年，航空材料产业在美国的专利申请量呈现平稳增加趋势，2018 年达到顶峰，专利申请量为 3077 件。2019—2021 年，航空材料产业在美国的专利申请量呈现下降趋势，2021 年专利申请量为 1562 件。

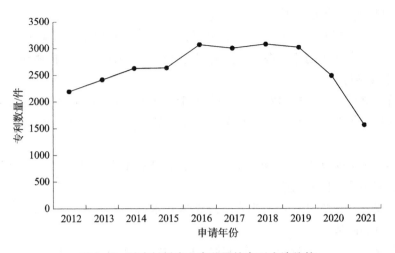

图 1-8 航空材料产业在美国的专利申请趋势

1.3.2.3 专利公开趋势

图 1-9 展示的是 2012—2021 年航空材料产业在美国的专利公开量的发展趋势。2012—2021 年，航空材料产业在美国的专利公开量呈现上升趋势。其中，2012—2017 年航空材料产业在美国的专利公开量呈现平稳增长趋势，2017—2021 年航空材料产业在美国的专利公开量呈现较快增长趋势，2021 年达到顶峰，专利公开量为 4287 件。

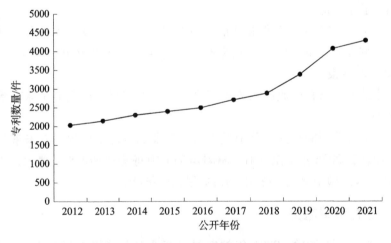

图 1-9 航空材料产业在美国的专利公开趋势

1.3.2.4 专利类型

图 1-10 展示的是航空材料产业在美国的专利类型分布。经过检索，获得航空材料产业在美国的专利共 55456 件。其中，发明申请 18711 件，占总数的 33.7%；发明授权 36745 件，占总数的 66.3%。

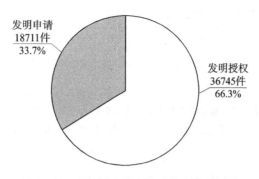

图 1 - 10　美国航空材料产业专利类型分布

1.3.2.5　专利申请人分析

图 1 - 11 展示的是按照所属申请人（专利权人）的专利数量统计的航空材料产业在美国的专利主要申请人排名情况。

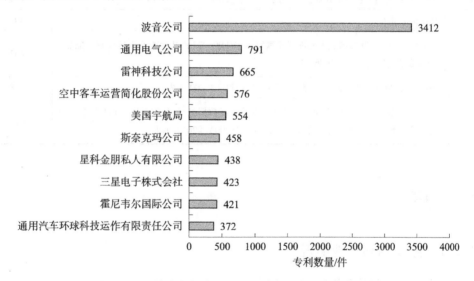

图 1 - 11　航空材料产业在美国的专利主要申请人排名

1.3.2.6　专利技术领域分布

表 1 - 3 展示的是航空材料产业在美国的专利主要技术构成情况，对航空材料产业在美国的专利按照国际专利分类号（IPC）进行统计的结果显示，排在第一位的是B29C70 大组，专利数量为 875 件；其次是 B32B3 大组，专利数量为 697 件；排在第三位的是 B64C1 大组，专利数量为 635 件；排在第四位的是 H01L21 大组，专利数量为607 件；排在第五位的是 B32B5 大组，专利数量为 585 件。

表1-3 航空材料产业在美国的专利技术领域分布（大组）

排名	国际专利分类号（IPC）大组	专利数量/件
1	B29C70：成型复合材料，即含有增强材料、填料或预成型件（例如嵌件）的塑性材料［2006.01］	875
2	B32B3：实质上由带有外部或内部不连续的或不平整的薄层，或非平面形状的薄层构成的层状产品（纤维或细丝层入B32B5/02；颗粒层入B32B5/16；泡沫层入B32B5/18）；形状实质上具有特殊特征的层状产品（B32B1/00优先）	697
3	B64C1：机身；机身，机翼，稳定面或类似部件共同的结构特征（机身，机翼，稳定面或类似部件共同的空气动力特征入B64C23/00；飞行甲板装备入B64D）［2006.01］	635
4	H01L21：专门适用于制造或处理半导体或固体器件或其部件的方法或设备	607
5	B32B5：以非同质性或物理结构薄层为特征的层状产品	585
6	B32B27：实质上由合成树脂组成的层状产品［2006.01］	499
6	H01M4：电极	499
8	F01D5：叶片；叶片的支承元件（喷嘴箱入F01D9/02）；叶片或元件的加热、隔热、冷却或防止振动装置［2006.01］	463
9	H01L23：半导体或其他固态器件的零部件（H01L25/00优先）	458
10	G06F17：特别适用于特定功能的数字计算设备或数据处理设备或数据处理方法（信息检索，数据库结构或文件系统结构，G06F16/00）［2019.01］	419

1.3.3 日本

1.3.3.1 航空材料产业概况

1. 发展现状及前景分析

日本的航空材料产业一直是该国经济的重要组成部分，所涉材料主要包括金属材料、复合材料和陶瓷材料等多种类型。

在金属材料方面，日本的航空材料产业已经发展出了高强度、轻量化、高温耐受等先进材料。例如，日本已经成功开发出多种高强度的钛合金和镍基合金材料，这些材料在航空航天、船舶和能源等领域得到广泛应用。

在复合材料方面，日本也取得了很大进展。例如，日本已经成功开发出了具有高强度、高刚度和轻量化等特点的碳纤维增强塑料，这些材料广泛应用于飞机的机身和翼面等重要部件。

在陶瓷材料方面，日本也在研究和开发具有高强度、高温耐受和耐腐蚀等特点的陶瓷材料。这些材料广泛应用于发动机叶片、气缸套等高温部件。

未来，随着全球航空业的不断发展，日本的航空材料产业将继续发展。在技术方面，日本的航空材料产业将继续研究和开发具有更高性能的材料，以满足航空业对材料的不断需求。在市场方面，日本的航空材料产业将继续扩大其在国际市场的影响力，以增加其在全球航空材料市场中的份额。

2. 技术发展历程

经历了长期的技术积累和不断创新，日本逐步发展成为全球领先的航空材料生产和研发国家。

金属材料领域：早在 20 世纪 60 年代，日本就开始研发钛合金材料，后来又开发了镁合金、铝合金等材料。此外，日本还在金属材料的制造工艺和生产技术方面取得了重要进展，例如柔性制造技术和自动化生产线技术等。

复合材料领域：在 20 世纪 70 年代，日本开始研发碳纤维复合材料和玻璃纤维复合材料。到了 80 年代，日本的碳纤维复合材料已经达到全球领先水平。在复合材料的生产工艺和技术方面，日本也取得了显著进展，例如采用自动化生产线和先进的模具制造技术等。

高温材料领域：研究主要集中在陶瓷复合材料、高温合金材料和超高温陶瓷材料等方面。在这些领域，日本科研机构和企业的技术水平已经达到世界领先，例如采用先进的化学沉积和热处理技术等。

新型材料领域：随着航空业的发展和需求的变化，日本开始注重新型材料的研发，例如聚合物材料、纳米材料和智能材料等。这些材料的研究和应用将为日本的航空业带来更加轻量化、高强度和高效率的解决方案。

3. 全球市场规模

日本航空材料产业在全球范围内处于领先地位，其在全球市场上占有相当大的份额。根据市场研究公司的数据，2019 年全球航空材料市场规模约为 178 亿美元，其中日本的航空材料市场规模约为 44.5 亿美元，约占 25%。

日本的航空材料产业主要涉及金属材料、复合材料、高温材料和新型材料等领域。在这些领域中，日本拥有丰富的技术储备和研发经验。例如，日本的碳纤维复合材料产业在全球市场中占有较大的份额，其产品广泛应用于航空器、汽车、运动器材等领域。

虽然航空材料市场规模相对较小，但是由于航空业的特殊性质和严格的安全标准，航空材料的研发和生产具有较高的门槛和技术难度。而日本航空材料产业的竞争力主要来源于其技术创新和高品质产品。随着航空业的不断发展和技术的不断创新，日本也将继续保持其在航空材料产业全球市场中的领先地位。

1.3.3.2　专利申请趋势

图 1 - 12 展示的是 2012—2021 年航空材料产业在日本的专利申请量的发展趋势。2012—2018 年，航空材料产业在日本的专利申请量增长较为平稳，到 2018 年达到峰值，专利申请量为 2556 件。2018—2021 年，航空材料产业在日本的专利申请量呈快速

下降趋势，2021 年专利申请量为 673 件。

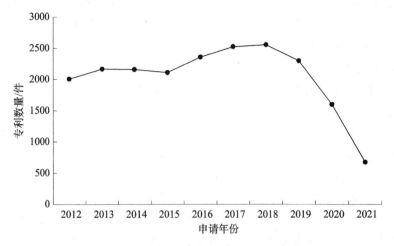

图 1 – 12　航空材料产业在日本的专利申请趋势

1.3.3.3　专利公开趋势

图 1 – 13 展示的是 2012—2021 年航空材料产业在日本的专利公开量的发展趋势。从图中可以看出，航空材料产业在日本的专利公开量整体呈上升态势。其中，2018—2021 年，航空材料产业在日本的专利公开量呈现快速上升趋势，2021 年达到顶峰，专利公开量为 3261 件。

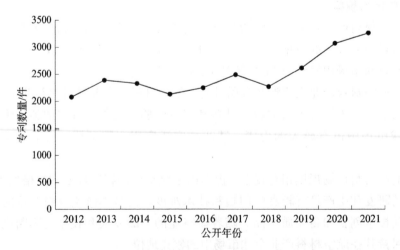

图 1 – 13　航空材料产业在日本的专利公开趋势

1.3.3.4　专利类型

图 1 – 14 展示的是航空材料产业在日本的专利类型分布。经过检索，获得航空材料产业在日本的专利共 54214 件。其中，发明授权 21898 件，占总数的 40.4%；发明

申请 31607 件，占总数的 58.3%；外观设计 44 件，占总数的 0.1%；实用新型 665 件，占总数的 1.2%。

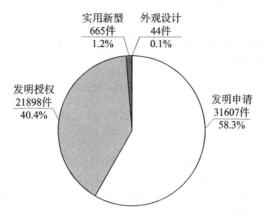

图 1 – 14　日本航空材料产业专利类型分布

1.3.3.5　专利申请人分析

图 1 – 15 展示的是按照所属申请人（专利权人）的专利数量统计航空材料产业在日本的专利主要申请人排名情况。

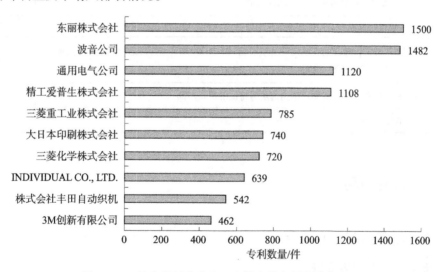

图 1 – 15　航空材料产业在日本的专利主要申请人排名

1.3.3.6　专利技术领域分布

表 1 – 4 展示的是航空材料产业在日本的专利主要技术构成情况。对航空材料产业在日本的专利按照国际专利分类号（IPC）进行统计的结果显示，排在第一位的是 C08J5 大组，专利数量为 1819 件；其次是 B29C70 大组，专利数量为 713 件；排在第三位的是 B32B27 大组，专利数量为 708 件；排在第四位的是 C04B35 大组，专利数量为

707 件；排在第五位的是 C08G59 大组，专利数量为 658 件。

表 1−4　航空材料产业在日本的专利技术领域分布（大组）

排名	国际专利分类号（IPC）大组	专利数量/件
1	C08J5：含有高分子物质的制品或成形材料的制造（半透膜的制造入 B01D67/00 至 B01D71/00）［2006.01］	1819
2	B29C70：成型复合材料，即含有增强材料、填料或预成型件（例如嵌件）的塑性材料［2006.01］	713
3	B32B27：实质上由合成树脂组成的层状产品［2006.01］	708
4	C04B35：以成分为特征的陶瓷成型制品；陶瓷组合物（含有不用作宏观增强剂的，粘接在碳化物、金刚石、氧化物、硼化物、氮化物、硅化物上的游离金属，例如陶瓷或其他金属化合物，例如氧氮化合物或硫化物的入 C22C）；准备制造陶瓷制品的无机化合物的加工粉末	707
5	C08G59：每个分子含有 1 个以上环氧基的缩聚物；环氧缩聚物与单官能团低分子量化合物反应得到的高分子；每个分子含有 1 个以上环氧基的化合物使用与该环氧基反应的固化剂或催化剂聚合得到的高分子［2006.01］	658
6	G02F1：控制来自独立光源的光的强度、颜色、相位、偏振或方向的器件或装置，例如，转换、选通或调制；非线性光学	591
7	B29C43：压力成型，即施加外部压力使造型材料流动；所用的设备［2006.01］	571
8	F01D5：叶片；叶片的支承元件（喷嘴箱入 F01D9/02）；叶片或元件的加热、隔热、冷却或防止振动装置［2006.01］	549
9	B32B5：以非同质性或物理结构薄层为特征的层状产品	538
10	H01M4：电极	514

1.3.4　欧洲专利局

1.3.4.1　航空材料产业概况

1. 发展现状及前景分析

欧洲航空材料产业处于全球领先，其生产的高质量、高性能的航空材料和组件广泛用于民用和军用航空器，包括飞机、导弹、卫星和火箭等。以下是欧洲航空材料产业发展现状的详细描述。

工业规模和产值：欧洲航空材料产业规模庞大，相关企业众多，产业总产值达到数百亿欧元。

材料和技术：欧洲航空材料产业采用多种材料和技术来生产高质量的航空材料和组件。其中，复合材料和金属材料是主流，其具有轻量化和高强度等特性。先进的技术则有 3D 打印技术、纳米技术和无线传感器技术等，有利于提高产品性能和生产效率。

竞争格局：主要的竞争者包括美国、日本和中国等国家。欧洲航空材料产业具有很强的竞争力和优势，特别是在高性能、高质量的复合材料和金属材料方面。

可持续发展：欧洲航空材料产业致力于可持续发展，采用环保材料和生产技术，降低能源消耗和废物排放。此外，一些企业还在研发可再生能源和新型材料，以进一步提高可持续性。

未来趋势：包括提高产品性能、降低成本、加强可持续发展、推进创新和研发等。此外，新技术和新材料的出现也将为欧洲航空材料产业带来更多机遇和挑战。

欧洲航空材料产业是欧洲经济的重要组成部分，其发展前景非常广阔。

市场需求持续增长：随着全球航空市场需求的不断增长，欧洲航空材料产业也将得到发展。根据波音公司和空客公司等航空制造商的预测，未来 20 年内全球将需要大约 4 万架新飞机，这将刺激欧洲航空材料产业的生产和销售。

新材料需求增长：随着科学技术的发展，新的航空材料正在不断涌现。例如，碳纤维等轻质、高强度材料正获得广泛使用。随着新材料的推出，欧洲航空材料产业的市场需求也将不断增长。

技术创新：欧洲航空材料产业一直致力于技术创新，不断研发新的材料和技术，以提高产品性能和降低成本。这些技术创新将为企业提供更多的发展机会，以满足客户需求。

环境保护要求：在全球环保趋势的推动下，采用环保材料和生产技术，降低能源消耗和废物排放，将有助于企业提高竞争力，同时也有利于社会和环境的可持续发展。

政府投资：欧洲各国政府和欧盟对航空工业的发展非常重视，将继续为欧洲航空材料产业提供政策支持和投资。这将为企业提供更多的资金和资源，以推动技术创新和产品研发，同时也有助于欧洲航空材料产业保持领先地位。

2. 技术发展历程

初期发展阶段（20 世纪 20—40 年代）：在这一时期，航空工业开始崛起，欧洲各国纷纷开展了相关的材料研究和生产工作。这一时期的重要事件包括德国的航空材料研究和生产经验的积累、英国的超合金和高温合金的研究和发展、法国的铝合金材料的发展等。

高峰期（20 世纪 50—70 年代）：各国相继开发了一系列新型航空材料，如钛合金、高性能复合材料等。在这一时期，航空工业的发展也达到顶峰，欧洲各国的航空公司纷纷推出具有里程碑意义的新型飞机，如英国的庞巴迪支线客机、法国的庞巴迪商务机等。

转型期（20 世纪 80—90 年代）：各国开始转向研发和生产高性能材料，如碳纤维、玻璃纤维、陶瓷材料等。同时，产业结构也发生了变化，国有企业的私有化进程开始逐渐推进。

新发展阶段（21 世纪）：这一阶段，欧洲航空材料产业在研究和应用新材料方面取得了重要进展。例如，开始投资研发新型复合材料、3D 打印技术等先进技术，以提高飞机的安全性、航行效率和环保性能。另外，欧洲航空材料产业应用领域也在不断拓展，如新能源汽车、高速列车等。

3. 全球市场规模

欧洲航空材料产业是全球航空产业不可或缺的一部分，其市场规模也在逐步扩大。截至 2022 年，欧洲航空工业的整体市场规模超过 7000 亿欧元，涵盖多个领域，如航空发动机领域、航空电子领域、航空结构领域、航空材料领域等。

航空发动机需要使用高温合金材料、耐腐蚀材料、复合材料等高性能材料，航空发动机领域是欧洲航空材料产业的主要市场之一，市场份额约为 40%。

航空电子领域是欧洲航空材料产业的另一个重要市场，市场份额约为 20%。随着航空电子的不断发展，航空电子元器件对于高性能材料的需求也在不断增加。

航空结构领域占据市场份额约 30%。随着航空工业的快速发展，航空器的结构材料需求也在不断增加，特别是在铝合金、钛合金、复合材料等方面。

此外，欧洲航空材料产业市场应用领域还在不断扩展，如高速列车、航天器、新能源汽车等，市场增长前景较为乐观。

1.3.4.2 专利申请趋势

图 1-16 展示的是 2012—2021 年航空材料产业在欧洲专利局的专利申请量发展趋势。2012—2016 年，航空材料产业在欧洲专利局的专利申请量呈快速增加趋势，2012 年专利申请量为 1018 件，2016 年达到峰值，当年专利申请量为 1437 件。2016—2019 年，航空材料产业在欧洲专利局的专利申请量呈波动下降趋势。2019—2021 年，航空材料产业在欧洲专利局的专利申请量呈快速下降趋势。

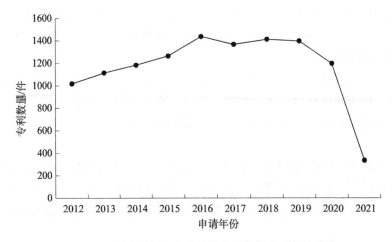

图 1-16　航空材料产业在欧洲专利局的专利申请趋势

1.3.4.3　专利公开趋势

图 1-17 展示的是 2012—2021 年航空材料产业在欧洲专利局的专利公开量发展趋势。2012—2020 年，航空材料产业在欧洲专利局的专利公开量总体呈现上升趋势，其中 2020 年达到顶峰，专利公开量为 2305 件。与 2020 年相比，2021 年航空材料产业在欧洲专利局的专利公开量减少 114 件，为 2191 件。

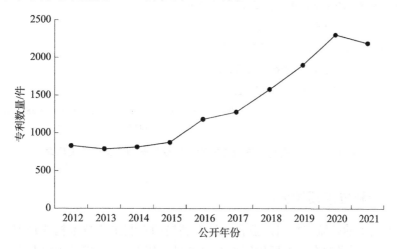

图 1-17　航空材料产业在欧洲专利局的专利公开趋势

1.3.4.4　专利类型

图 1-18 展示的是航空材料产业在欧洲专利局的专利类型分布。经过检索，获得航空材料产业在欧洲专利局的专利共 24448 件。其中，发明申请 13459 件，占总数的 55.1%；发明授权 10989 件，占总数的 44.9%。

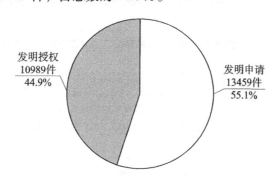

图 1-18　航空材料产业在欧洲专利局的专利类型分布

1.3.4.5　专利申请人分析

图 1-19 展示的是按照所属申请人（专利权人）的专利数量统计的航空材料产业在欧洲专利局的专利主要申请人排名情况。

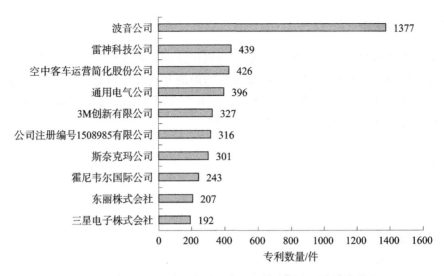

图1-19 航空材料产业在欧洲专利局的专利主要申请人排名

1.3.4.6 专利技术领域分布

表1-5展示的是航空材料产业在欧洲专利局的专利主要技术构成情况。对航空材料产业在欧洲专利局的专利按照国际专利分类号（IPC）进行统计的结果显示，排在第一位的是B29C70大组，专利数量为1040件；其次是C08J5大组，专利数量为435件；排在第三位的是B32B5大组，专利数量为349件；排在第四位的是B64C1大组，专利数量为331件；排在第五位的是C04B35大组，专利数量为301件。

表1-5 航空材料产业在欧洲专利局的专利技术领域分布（大组）

排名	国际专利分类号（IPC）大组	专利数量/件
1	B29C70：成型复合材料，即含有增强材料、填料或预成型件（例如嵌件）的塑性材料［2006.01］	1040
2	C08J5：含有高分子物质的制品或成形材料的制造（半透膜的制造入B01D67/00至B01D71/00）［2006.01］	435
3	B32B5：以非同质性或物理结构薄层为特征的层状产品	349
4	B64C1：机身；机身，机翼，稳定面或类似部件共同的结构特征（机身，机翼，稳定面或类似部件共同的空气动力特征入B64C23/00；飞行甲板装备入B64D）［2006.01］	331
5	C04B35：以成分为特征的陶瓷成型制品；陶瓷组合物（含有不用作宏观增强剂的，粘接在碳化物、金刚石、氧化物、硼化物、氮化物、硅化物上的游离金属，例如陶瓷或其他金属化合物，例如氧氮化合物或硫化物的入C22C）；准备制造陶瓷制品的无机化合物的加工粉末	301
6	F01D5：叶片；叶片的支承元件（喷嘴箱入F01D9/02）；叶片或元件的加热、隔热、冷却或防止振动装置［2006.01］	295

排名	国际专利分类号（IPC）大组	专利数量/件
7	C08G59：每个分子含有 1 个以上环氧基的缩聚物；环氧缩聚物与单官能团低分子量化合物反应得到的高分子；每个分子含有 1 个以上环氧基的化合物使用与该环氧基反应的固化剂或催化剂聚合得到的高分子［2006.01］	243
8	B22F3：由金属粉末制造工件或制品，其特点为用压实或烧结的方法；所用的专用设备［2021.01］	204
9	B29C65：预制部件的接合；所用的设备［2006.01］	170
10	B32B27：实质上由合成树脂组成的层状产品［2006.01］	169

1.3.5　德国

1.3.5.1　航空材料产业概况

1. 发展现状及前景分析

德国是航空材料重要制造国之一，其航空材料产业涉及金属材料、复合材料、陶瓷材料等多个领域。

在金属材料方面，成功研发高强度的钛合金、镍基合金和铝合金等材料，这些材料在飞机的发动机、机身和翼面等部件中得到了广泛应用。

在复合材料方面，例如在碳纤维增强塑料领域，德国的企业和研究机构一直在开发新的工艺和技术，进一步提高碳纤维增强塑料的性能。

在陶瓷材料方面，研究和开发具有高强度、高温耐受和耐腐蚀等特点的陶瓷材料。这些材料广泛应用于发动机叶片、气缸套等高温部件。

未来，在技术方面，德国将继续研究和开发新的航空材料和工艺，以满足航空业对材料性能的不断需求；在市场方面，将继续扩大其在国际市场的影响力，提升其在全球航空材料市场中的份额。同时，德国还将加强与其他国家和地区的合作，共同推动航空材料产业的发展。

2. 技术发展历程

德国航空材料产业的技术发展历程可以追溯到"二战"前夕。以下是德国航空材料产业的技术发展历程。

"二战"前期：德国航空材料产业在 20 世纪 30 年代初开始迅速发展。航空材料生产商开始生产各种高性能合金和高温材料，这些材料广泛应用于航空发动机和航空器结构。

"二战"时期：在航空材料领域取得了重大进展。例如，发明了高强度铝合金，以及具有耐高温能力的钨合金等材料，这些材料广泛用于飞机结构件。

"二战"以后时期：德国的航空材料产业开始重新崛起。德国的航空材料生产商和研发机构开始投入大量资金和精力进行技术创新和研发工作，推出了许多高性能、高质量的航空材料产品。

20 世纪 80 年代至今：德国的航空材料产业经历了快速发展的阶段。材料生产商开始着重发展复合材料、新型材料和先进制造技术等，以提高产品的性能和质量。

3. 全球市场规模

德国的航空材料产业是德国制造业的重要组成部分之一，拥有较高的技术水平和国际竞争力。在全球范围内，德国的航空材料产业拥有重要的地位，其市场规模不断扩大。

根据 2019 年的数据，全球航空材料市场规模约为 178 亿美元，其中德国的航空材料市场份额约为 15%，约为 26.7 亿美元。这些数据表明，德国的航空材料产业在全球市场中具有重要的影响力。

1.3.5.2 专利申请趋势

图 1 - 20 展示的是 2012—2021 年航空材料产业在德国的专利申请量发展趋势。2012—2017 年，航空材料产业在德国的专利申请量呈现波动增长趋势，2012 年专利申请量为 202 件，2017 年专利申请量达 272 件。2019—2021 年，航空材料产业在德国的专利申请量呈现较快的下降趋势，专利申请量从 2017 年的 272 件下降至 2021 年的 110 件。

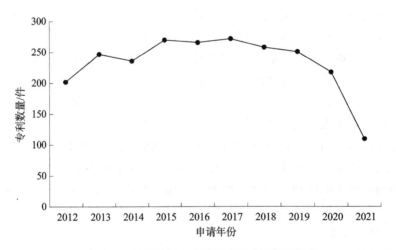

图 1 - 20　航空材料产业在德国的专利申请趋势

1.3.5.3 专利公开趋势

图 1 - 21 展示的是 2012—2021 年航空材料产业在德国的专利公开量发展趋势。从图中可以看出，航空材料产业在德国的专利公开数量整体呈上升态势。其中，2012—2014 年，航空材料产业在德国的专利公开量呈现下降趋势，2014 年专利公开量为 224 件；2014—2017 年，航空材料产业在德国的专利公开量呈现快速增加趋势，2017 年专

利公开量为 294 件；2018 年的航空材料产业在德国的专利公开量较 2017 年有所下降，为 272 件；2018—2021 年，航空材料产业在德国的专利公开量呈现平稳增长趋势，2021 年专利公开量为 305 件。

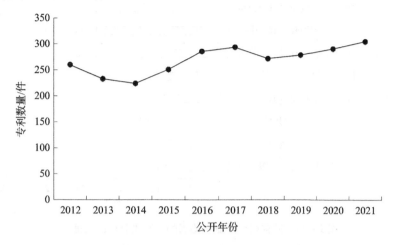

图 1 - 21　航空材料产业专利在德国的专利公开趋势

1.3.5.4　专利类型

图 1 - 22 展示的是航空材料产业在德国的专利类型分布。经过检索，获得航空材料产业在德国的专利共 8382 件。其中，发明授权 2568 件，占总数的 30.6%；发明申请 5003 件，占总数的 59.7%；外观设计 4 件，占总数的 0.01%；实用新型 807 件，占总数的 9.6%。

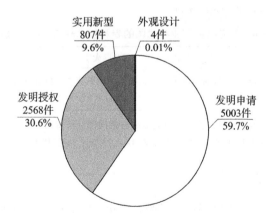

图 1 - 22　航空材料产业在德国的专利类型分布

1.3.5.5　专利申请人分析

图 1 - 23 展示的是按照所属申请人（专利权人）的专利数量统计的航空材料产业在德国的专利主要申请人排名情况。

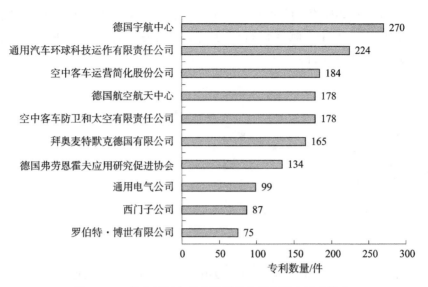

图 1-23 航空材料产业在德国的专利主要申请人排名

1.3.5.6 专利技术领域分布

表 1-6 展示的是航空材料产业在德国的专利主要技术构成情况。通过该分析可以了解分析对象覆盖的技术类别及各技术分支的创新热度。对航空材料产业在德国的专利按照国际专利分类号（IPC）进行统计的结果显示，排在第一位的是 B29C70 大组，专利数量为 279 件；其次是 B64C1 大组，专利数量为 120 件；排在第三位的是 C09K19 大组，专利数量为 97 件；排在第四位的是 B22F3 大组，专利数量为 78 件；排在第五位的是 C08J5 大组，专利数量为 77 件。

表 1-6 航空材料产业在德国的专利技术领域分布（大组）

排名	国际专利分类号（IPC）大组	专利数量/件
1	B29C70：成型复合材料，即含有增强材料、填料或预成型件（例如嵌件）的塑性材料 ［2006.01］	279
2	B64C1：机身；机身，机翼，稳定面或类似部件共同的结构特征（机身，机翼，稳定面或类似部件共同的空气动力特征入 B64C23/00；飞行甲板装备入 B64D）［2006.01］	120
3	C09K19：液晶材料	97
4	B22F3：由金属粉末制造工件或制品，其特点为用压实或烧结的方法；所用的专用设备 ［2021.01］	78
5	C08J5：含有高分子物质的制品或成形材料的制造（半透膜的制造入 B01D67/00 至 B01D71/00）［2006.01］	77

排名	国际专利分类号（IPC）大组	专利数量/件
6	C04B35：以成分为特征的陶瓷成型制品；陶瓷组合物（含有不用作宏观增强剂的，粘接在碳化物、金刚石、氧化物、硼化物、氮化物、硅化物上的游离金属，例如陶瓷或其他金属化合物，例如氧氮化合物或硫化物的入 C22C）；准备制造陶瓷制品的无机化合物的加工粉末	75
7	G02F1：控制来自独立光源的光的强度、颜色、相位、偏振或方向的器件或装置，例如，转换、选通或调制；非线性光学	63
8	H01M10：二次电池；及其制造	62
9	B64D11：乘客或乘务员设备；其他类目不包含的飞行甲板装置［2006.01］	53
10	B32B15：实质上由金属组成的层状产品［2006.01］	50

1.3.6　加拿大

1.3.6.1　航空材料产业概况

1. 发展现状及前景分析

加拿大的航空材料产业一直以来都是国家经济的重要支柱之一，其前景广阔，具有很大的潜力。

加拿大的航空材料产业涉及多种材料，包括钛合金、镍基合金、复合材料等。这些材料广泛用于制造飞机、航天器以及其他航空航天器件。加拿大的航空材料产业不仅涉及航空器的结构部件，还涉及航空器的引擎部件、机翼和螺旋桨等，以及地面维修和保养所需的材料和工具。

据统计，加拿大的航空材料产业占据全球市场约 5%，产业技术实力和研发能力强大，产品质量和性能得到了国际市场的认可和信赖。加拿大的航空材料产业公司包括庞巴迪公司、卡尔加里飞机维修中心、三菱飞机公司等，这些公司在国际市场上的竞争力非常强。

随着全球航空业的不断发展和航空产业需求的不断增长，加拿大的航空材料产业有着广阔的发展前景。加拿大在航空材料产业上将继续加强研发力度，提高产品的技术含量和附加值，不断推出新的高性能、高品质的航空材料产品，以满足国际市场和国内市场的需求。

2. 技术发展历程

加拿大的航空材料产业自 20 世纪初期就开始了其技术发展历程。以下是加拿大航空材料产业的主要技术发展历程。

铝合金：20 世纪初期，加拿大的航空材料产业中主要使用铝合金来制造航空器。加拿大铝业集团公司成为该行业的主要供应商之一，向全球出口铝合金产品。

钛合金：20 世纪 50 年代，加拿大开始使用钛合金来制造航空器。加拿大的钛合金制造商加入了全球航空材料产业的竞争，并逐渐占据重要的市场份额。

复合材料：20 世纪 70 年代，加拿大开始探索复合材料的应用，特别是碳纤维复合材料。加拿大的航空业先后开发出了多种复合材料应用技术，并成为全球领先的碳纤维复合材料生产国之一。

先进制造技术：21 世纪初期，加拿大的航空材料产业中开始采用先进的制造技术，如数控机床、激光切割、3D 打印等，提高了制造效率和产品质量。

环保材料：随着环保意识的提高，加拿大的航空材料产业中开始使用更环保的材料，如可降解材料、生物基材料等。

加拿大的航空材料产业在技术发展方面取得了很大的进步，在使用传统材料的基础上，不断推陈出新，积极引入新技术和新材料，提高产品的技术含量和附加值。这些技术也为加拿大的航空材料产业奠定了坚实的基础，为其未来发展提供了有力的支撑。

3. 全球市场规模

与其他国家或地区相比，加拿大的航空材料产业规模相对较小，但其在一些领域上具有较强的竞争力，拥有不少市场份额。

根据加拿大航空航天协会发布的数据，截至 2019 年，加拿大航空材料产业年销售额约为 107 亿加元（约合 81 亿美元），其中出口额约为 63 亿加元（约合 48 亿美元），占据了加拿大航空航天出口额的 18%。加拿大的航空材料产业主要生产铝、钛和复合材料等，具有较高的技术含量。

在钛合金方面，主要的生产商之一是加拿大钛金属公司，该公司是全球最大的钛金属加工企业之一，其产品广泛应用于航空、国防、医疗等领域。

在复合材料方面，加拿大的制造商主要集中在西部地区。

此外，加拿大的航空材料产业还在开发更环保的材料和技术，如可降解材料、生物基材料等。这些环保材料和技术将有助于其在未来的市场竞争中取得更好的成绩。

1.3.6.2 专利申请趋势

图 1 - 24 展示的是 2012—2021 年航空材料产业在加拿大的专利申请量发展趋势。2012—2014 年，航空材料产业在加拿大的专利申请量快速增加，2014 年专利申请量为 473 件。2014—2017 年，航空材料产业在加拿大的专利申请量呈现波动下降趋势，2017 年专利申请量为 393 件。2017—2019 年，航空材料产业在加拿大的专利申请量呈现平稳增加趋势。2019—2021 年，航空材料产业在加拿大的专利申请量呈现快速下降趋势，专利申请量从 2019 年的 425 件降至 2021 年的 82 件。

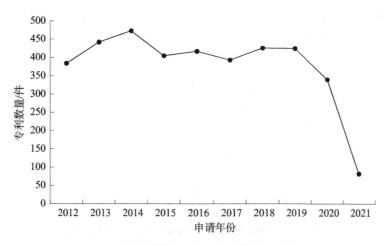

图 1 – 24 航空材料产业在加拿大的专利申请趋势

1.3.6.3 专利公开趋势

图 1 – 25 展示的是 2012—2021 年航空材料产业在加拿大的专利公开量发展趋势。从图中可以看出，航空材料产业在加拿大的专利公开数量整体呈上升态势。2012—2016 年，航空材料产业在加拿大的专利公开数量快速增加，专利公开量从 2012 年的 303 件持续增加至 2016 年的 597 件；2016—2020 年，航空材料产业在加拿大的专利公开数量呈平稳增加趋势，2020 年达到最高点，专利公开量为 651 件；2021 年，航空材料产业在加拿大的专利公开数量开始减少。

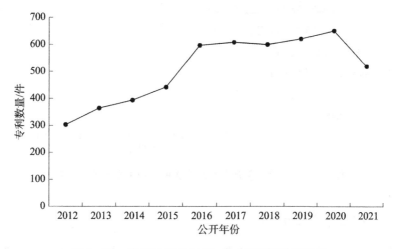

图 1 – 25 航空材料产业在加拿大的专利公开趋势

1.3.6.4 专利类型

图 1 – 26 展示的是航空材料产业在加拿大的专利类型分布。经过检索，获得航空

材料产业在加拿大的专利共 10180 件。其中,发明申请 5270 件,占总数的 51.8%;发明授权 4910 件,占总数的 48.2%。

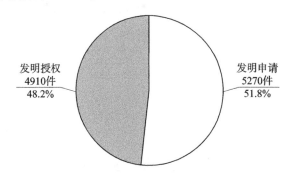

图 1-26 航空材料产业在加拿大的专利类型分布

1.3.6.5 专利申请人分析

图 1-27 展示的是按照所属申请人(专利权人)的专利数量统计的航空材料产业在加拿大的专利主要申请人排名情况。

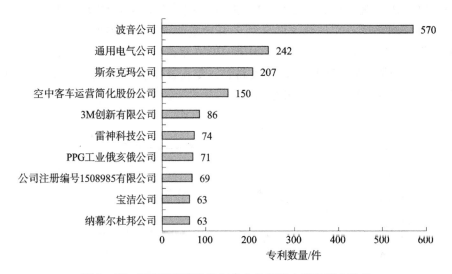

图 1-27 航空材料产业在加拿大的专利主要申请人排名

1.3.6.6 专利技术领域分布

表 1-7 展示的是航空材料产业在加拿大的专利主要技术构成情况。对航空材料产业在加拿大的专利按照国际专利分类号(IPC)进行统计的结果显示,排在第一位的是 B29C70 大组,专利数量为 434 件;其次是 B64C1 大组,专利数量为 165 件;排在第三位的是 C08J5 大组,专利数量为 131 件;排在第四位的是 B32B5 大组,专利数量为 125 件;排在第五位的是 C04B35 大组,专利数量为 106 件。

表 1 -7　航空材料产业在加拿大的专利技术领域分布（大组）

排名	国际专利分类号（IPC）大组	专利数量/件
1	B29C70：成型复合材料，即含有增强材料、填料或预成型件（例如嵌件）的塑性材料 ［2006.01］	434
2	B64C1：机身；机身，机翼，稳定面或类似部件共同的结构特征（机身，机翼，稳定面或类似部件共同的空气动力特征入 B64C23/00；飞行甲板装备入 B64D）［2006.01］	165
3	C08J5：含有高分子物质的制品或成形材料的制造（半透膜的制造入 B01D67/00 至 B01D71/00）［2006.01］	131
4	B32B5：以非同质性或物理结构薄层为特征的层状产品	125
5	C04B35：以成分为特征的陶瓷成型制品；陶瓷组合物（含有不用作宏观增强剂的，粘接在碳化物、金刚石、氧化物、硼化物、氮化物、硅化物上的游离金属，例如陶瓷或其他金属化合物，例如氧氮化合物或硫化物的入 C22C）；准备制造陶瓷制品的无机化合物的加工粉末	106
6	F01D5：叶片的支承元件（喷嘴箱入 F01D9/02）；叶片或元件的加热、隔热、冷却或防止振动装置 ［2006.01］	102
7	B32B3：实质上由带有外部或内部不连续的或不平整的薄层，或非平面形状的薄层构成的层状产品（纤维或细丝层入 B32B5/02；颗粒层入 B32B5/16；泡沫层入 B32B5/18）；形状实质上具有特殊特征的层状产品（B32B1/00 优先）	76
8	B32B27：实质上由合成树脂组成的层状产品 ［2006.01］	74
9	C08G59：每个分子含有 1 个以上环氧基的缩聚物；环氧缩聚物与单官能团低分子量化合物反应得到的高分子；每个分子含有 1 个以上环氧基的化合物使用与该环氧基反应的固化剂或催化剂聚合得到的高分子 ［2006.01］	66
10	C10L1：液体含碳燃料 ［2006.01］	56

1.3.7　俄罗斯

1.3.7.1　航空材料产业概况

1. 发展现状及前景分析

俄罗斯是世界上航空航天领域的重要参与者之一，其航空材料产业也在逐步发展壮大。以下是俄罗斯航空材料产业的发展现状及前景分析。

俄罗斯的航空材料产业主要涉及钛合金、铝合金、复合材料等领域。其钛合金生产量在全球名列前茅，主要应用于俄罗斯境内的飞机、火箭、导弹等领域。此外，俄罗斯的铝合金生产量也相当可观，广泛应用于飞机、直升机和航空发动机等领域。在复合材料方面，俄罗斯的产品主要应用于航空航天、军事装备等领域。

随着航空工业的发展和需求的不断增加，俄罗斯的航空材料产业也将迎来更多的机遇。未来，俄罗斯的航空材料产业将主要集中在以下几个方面。

新材料的研发：致力于开发更先进、更轻、强度更高的航空材料，如高强度钛合金、碳纤维、高温合金等，以满足飞行器性能提升的需求。

提高生产效率：注重提高航空材料的生产效率和品质，以降低生产成本，提高产品竞争力。

聚焦环保材料：加大对环保材料的研发力度，如生物基材料、可降解材料等，以逐步减少对环境的影响。

2. 技术发展历程

俄罗斯的航空材料产业发展较早。下面是俄罗斯航空材料产业的主要技术发展历程。

20 世纪初期，俄罗斯开始使用木材、铝和钢材等基本材料生产航空器。

"二战"期间，苏联加快了航空材料的发展，包括生产高性能的航空发动机和航空电子设备等。

20 世纪 50 年代和 60 年代，苏联开始使用高强度的复合材料，如玻璃纤维增强塑料和碳纤维增强塑料等。

20 世纪 70 年代和 80 年代，进一步开发出金属材料和合金，如钛合金、铝锂合金和高强度钢等。

20 世纪 90 年代初期，俄罗斯开始关注先进的纳米材料，如碳纳米管和金属纳米粉末等。

21 世纪初，俄罗斯继续发展纳米材料和复合材料，如高温陶瓷复合材料、镁合金和高性能聚合物等。

俄罗斯在航空材料领域的发展方向主要包括生产高性能的复合材料、金属材料和合金，以及研究新型材料，如纳米材料、生物材料和 3D 打印材料等。

总的来说，俄罗斯在航空材料领域的技术发展经历了从基本材料到高强度复合材料和纳米材料的转变，正朝着高性能和多功能材料的方向发展。

3. 全球市场规模

俄罗斯航空材料产业在全球市场上占据着重要的地位。俄罗斯航空材料产业的产品主要包括航空用金属材料、复合材料和陶瓷材料等。其中，复合材料占据了市场的很大份额。俄罗斯的复合材料主要应用于航空航天领域，例如飞机结构件、发动机叶片、复合材料薄膜和涂层等。

俄罗斯的复合材料产业已经成为该国最具竞争力和最有前景的产业之一，未来几年内有望继续保持高速增长。同时，俄罗斯也在积极推动航空材料产业技术升级和创新，以提高产品质量和降低生产成本，进而满足全球市场需求。

1.3.7.2 专利申请趋势

图 1-28 展示的是 2012—2021 年航空材料产业在俄罗斯的专利申请量发展趋势。2012—2014 年，航空材料产业在俄罗斯的专利申请量逐年增加，2014 年专利申请量为 426 件；2015—2016 年，航空材料产业在俄罗斯的专利申请量经历了先降后升的发展

态势，2015 年专利申请量为 349 件，2016 年专利申请量为 357 件；2016—2021 年，航空材料产业在俄罗斯的专利申请量呈现逐年减少趋势，2021 年专利申请量为 194 件。

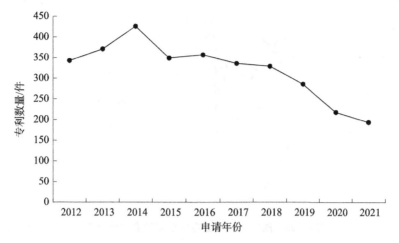

图 1-28　航空材料产业在俄罗斯的专利申请趋势

1.3.7.3　专利公开趋势

图 1-29 展示的是 2012—2021 年航空材料产业在俄罗斯的专利公开量发展趋势。2012—2019 年，航空材料产业在俄罗斯的专利公开数量整体呈增加趋势，其中 2016 年和 2018 年的专利申请量分别较上一年有小幅减少，2019 年专利公开量达到顶峰，为 455 件。2019—2021 年，航空材料产业在俄罗斯的专利公开数量呈减少趋势，2021 年专利公开量为 194 件。

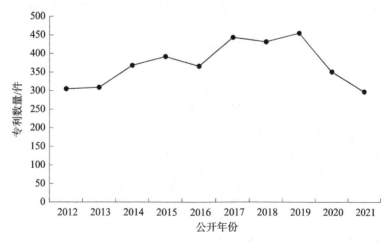

图 1-29　航空材料产业在俄罗斯的专利公开趋势

1.3.7.4　专利类型

图 1-30 展示的是航空材料产业在俄罗斯的专利类型分布。经过检索，获得航空

材料产业在俄罗斯的专利共7008件。其中,发明授权5815件,占总数的83.0%;发明申请202件,占总数的2.9%,实用新型991件,占总数的14.1%。

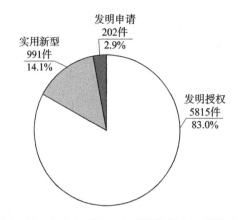

图1-30 航空材料产业在俄罗斯的专利类型分布

1.3.7.5 专利申请人分析

图1-31展示的是按照所属申请人(专利权人)的专利数量统计的航空材料产业在俄罗斯的专利主要申请人排名情况。

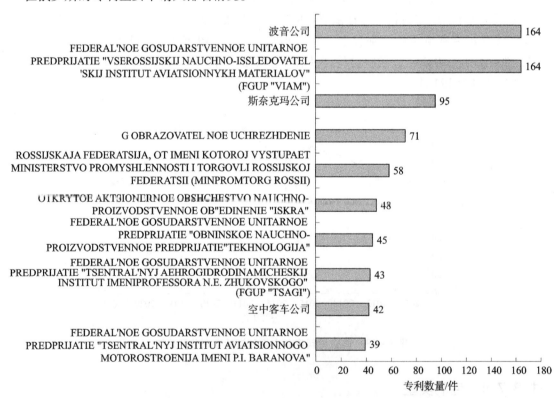

图1-31 航空材料产业在俄罗斯的专利主要申请人排名

1.3.7.6　专利技术领域分布

表 1 - 8 展示的是航空材料产业在俄罗斯的专利主要技术构成情况。对航空材料产业在俄罗斯的专利按照国际专利分类号（IPC）进行统计的结果显示，排在第一位的是B64C1 大组，专利数量为 151 件；其次是 B29C70 大组，专利数量为 133 件；排在第三位的是 C04B35 大组，专利数量为 126 件；排在第四位的是 B64C27 大组，专利数量为104 件；排在第五位的是 B64G1 大组，专利数量为 99 件。

表 1 - 8　航空材料产业在俄罗斯的专利技术领域分布（大组）

排名	国际专利分类号（IPC）大组	专利数量/件
1	B64C1：机身；机身，机翼，稳定面或类似部件共同的结构特征（机身，机翼，稳定面或类似部件共同的空气动力特征入 B64C23/00；飞行甲板装备入 B64D）[2006.01]	151
2	B29C70：成型复合材料，即含有增强材料、填料或预成型件（例如嵌件）的塑性材料[2006.01]	133
3	C04B35：以成分为特征的陶瓷成型制品；陶瓷组合物（含有不用作宏观增强剂的，粘接在碳化物、金刚石、氧化物、硼化物、氮化物、硅化物上的游离金属，例如陶瓷或其他金属化合物，例如氧氮化合物或硫化物的入 C22C）；准备制造陶瓷制品的无机化合物的加工粉末	126
4	B64C27：旋翼机；其特有的旋翼（起落架入 B64C25/00）[2006.01]	104
5	B64G1：宇宙航行的飞行器 [2006.01]	99
6	C08L63：环氧树脂的组合物；环氧树脂衍生物的组合物 [2006.01]	77
7	C22C21：铝基合金 [2006.01]	73
8	B64C3：机翼（稳定面入 B64C5/00；扑翼飞机机翼入 B64C33/02）[2006.01]	64
8	C08J5：含有高分子物质的制品或成形材料的制造（半透膜的制造入 B01D67/00 至 B01D71/00）[2006.01]	64
10	G01N25：应用热方法测试或分析材料（G01N3/00 至 G01N23/00 优先）[2006.01]	57

1.3.8　法国

1.3.8.1　航空材料产业概况

1. 发展现状及前景分析

发展现状：法国航空材料产业主要涉及航空用金属材料、复合材料、塑料材料和特殊材料等。其中，复合材料是主要产品，已经成为法国航空产业的核心产品。法国的复合材料制造技术在全球范围内处于领先地位，其产品已广泛应用于欧洲甚至全球的民用和军用飞机、卫星等。

前景分析：随着全球航空市场的不断扩大，法国航空材料产业的市场需求将会持续增长。法国政府一直大力支持该行业的技术研发和产业升级，出台了许多必要的政策，并提供资金支持。同时，法国也在积极探索航空材料产业新材料的研发和制造技术，以提高产品质量和降低生产成本。

未来几年，法国航空材料产业将会面临一些挑战，如全球贸易形势不确定、竞争压力加剧等。但是，在市场规模和技术实力方面仍然具有较大的优势，法国的航空材料产业仍将是欧洲和全球航空工业的重要支柱之一。

2. 技术发展历程

20世纪初至40年代初：法国航空材料产业在这一时期主要生产金属材料，如铝合金和钛合金等。这些材料广泛应用于飞机的结构件和发动机等领域。

20世纪40年代至60年代初：法国航空材料产业开始研究和应用高温合金和超高分子量聚合物等高科技材料。这些材料具有较高的强度和耐腐蚀性，可以在高温、高压和强酸等恶劣环境下使用。

20世纪60年代至80年代初：法国航空材料产业主要集中在复合材料的研发和应用方面。这种新型材料具有较轻的重量和较高的强度，可以极大地提高飞机的性能。法国的复合材料生产技术在世界范围内处于领先地位。

20世纪80年代至今：法国航空材料产业继续推进技术升级和创新。其中，先进复合材料、新型金属材料和多功能材料是该产业的发展方向之一。

综上所述，法国航空材料产业在技术方面的发展经历了从传统金属材料到高科技材料、再到复合材料的转型过程。

3. 全球市场规模

法国航空材料产业约占全球航空材料市场份额的15%，具有重要的市场地位。其产品主要包括金属材料、复合材料、高温合金和超高分子量聚合物等。其中，复合材料是重点发展方向，其市场份额已经超过50%。随着航空工业对轻量化材料需求的不断增加，复合材料的市场份额将进一步扩大。

法国航空材料产业的产品广泛应用于商用航空、军用航空、航天航空和无人机等领域。其中，商用航空领域的市场规模最大，其次是军用航空领域。

法国航空材料产业的主要客户包括欧洲宇航防务集团（EADS）、波音公司、泰雷兹公司（THALES）和达索系统公司（DASSAULT SYSTEMES）等国际知名企业。这些客户在全球航空市场中拥有较大的市场份额，为法国航空材料产业的发展提供了坚实的市场基础。

随着航空工业的不断发展，法国航空材料产业的市场规模和市场份额也将继续保持稳步增长。

1.3.8.2 专利申请趋势

图1-32展示的是2012—2021年航空材料产业在法国的专利申请量发展趋势。2012—2020年，航空材料产业在法国的专利申请量总体上呈平稳增加趋势，2020年达到峰值，专利申请量为320件。2021年航空材料产业在法国的专利申请量下降明显。

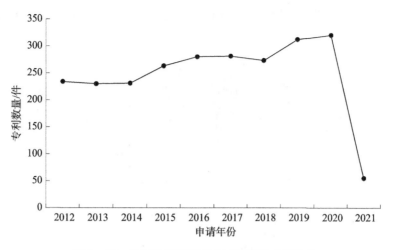

图 1 - 32　航空材料产业在法国的专利申请趋势

1.3.8.3　专利公开趋势

图 1 - 33 展示的是 2012—2021 年航空材料产业在法国的专利公开量发展趋势。2012—2018 年，航空材料产业在法国的专利公开数量总体上呈平稳增加趋势，这一阶段 2014 年的专利公开量最多，为 253 件。2018—2019 年，航空材料产业在法国的专利公开数量呈快速增加趋势，2019 年专利公开量为 382 件。2020 年，航空材料产业在法国的专利公开数量较 2019 年有所减少；2021 年，专利公开量开始回升。

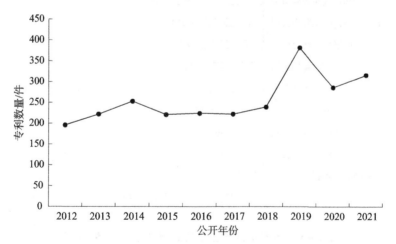

图 1 - 33　航空材料产业在法国的专利公开趋势

1.3.8.4　专利类型

图 1 - 34 展示的是航空材料产业在法国的专利类型分布。经过检索，获得航空材料产业在法国的专利共 5835 件。其中，发明授权 204 件，占总数的 3.5%；发明申请

5586 件，占总数的 95.7%；外观设计 5 件，占总数的 0.1%；实用新型 40 件，占总数的 0.7%。

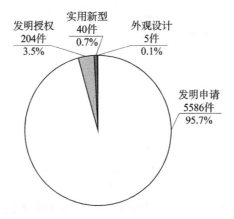

图 1-34　航空材料产业在法国的专利类型分布

1.3.8.5　专利申请人分析

图 1-35 展示的是按照所属申请人（专利权人）的专利数量统计的航空材料产业在法国的专利主要申请人排名情况。

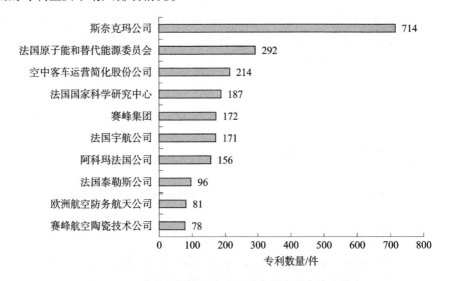

图 1-35　航空材料产业在法国的专利主要申请人排名

1.3.8.6　专利技术领域分布

表 1-9 展示的是航空材料产业在法国的专利主要技术构成情况。对航空材料产业在法国的专利按照国际专利分类号（IPC）进行统计的结果显示，排在第一位的是 B29C70 大组，专利数量为 351 件；其次是 F01D5 大组，专利数量为 151 件；排在第三

位的是 C04B35 大组，专利数量为 137 件；排在第四位的是 B64C1 大组，专利数量为
75 件；排在第五位的是 F01D25 大组，专利数量为 62 件。

表 1-9　航空材料产业在法国的专利技术领域分布（大组）

排名	国际专利分类号（IPC）大组	专利数量/件
1	B29C70：成型复合材料，即含有增强材料、填料或预成型件（例如嵌件）的塑性材料 [2006.01]	351
2	F01D5：叶片；叶片的支承元件（喷嘴箱入 F01D9/02）；叶片或元件的加热、隔热、冷却或防止振动装置 [2006.01]	151
3	C04B35：以成分为特征的陶瓷成型制品；陶瓷组合物（含有不用作宏观增强剂的，粘接在碳化物、金刚石、氧化物、硼化物、氮化物、硅化物上的游离金属，例如陶瓷或其他金属化合物，例如氧氮化合物或硫化物的入 C22C）；准备制造陶瓷制品的无机化合物的加工粉末	137
4	B64C1：机身；机身，机翼，稳定面或类似部件共同的结构特征（机身，机翼，稳定面或类似部件共同的空气动力特征入 B64C23/00；飞行甲板装备入 B64D）[2006.01]	75
5	F01D25：不包含在其他各组或与其无关的部件、零件或附件 [2006.01]	62
6	F02C7：不包含在组 F02C1/00 至 F02C6/00 中的或与上述各组无关的特征、部件、零件或附件；喷气推进装置的进气管（控制入 F02C9/00）[2006.01]	61
7	H01R13：H01R12/70 或 H01R24/00 至 H01R33/00 组中所包含的各种连接装置的零部件 [2006.01]	54
8	F01D11：防止或减少工作流体的内部泄漏，如在两级之间（一般的密封入 F16J）[2006.01]	51
9	F01D9：定子（非流体导向的外壳，调节、控制或安全方面，见有关各组）[2006.01]	47
10	C04B41：砂浆、混凝土、人造石或陶瓷的后处理；天然石的处理（冷釉料之外的釉料入 C03C8/00）	43

1.4　全球专利技术领域分布

表 1-10 展示的是航空材料产业全球专利主要技术构成及数量分布情况。通过分析，可以了解分析对象覆盖的技术类别及各技术分支的创新热度。对航空材料产业全球专利按照国际专利分类号（IPC）进行统计的结果显示，排在第一位的是 B29C70 大组，专利数量最多，达 8005 件；其次是 C04B35 大组，专利数量为 5933 件；排在第三位的是 C08J5 大组，专利数量为 4874 件；排在第四位的是 H01M4 大组，专利数量为 3652 件；排在第五位的是 B64C1 大组，专利数量为 3009 件。

表 1–10 航空材料产业全球专利技术领域分布（大组）

排名	国际专利分类号（IPC）大组	专利数量/件
1	B29C70：成型复合材料，即含有增强材料、填料或预成型件（例如嵌件）的塑性材料〔2006.01〕	8005
2	C04B35：以成分为特征的陶瓷成型制品；陶瓷组合物（含有不用作宏观增强剂的，粘接在碳化物、金刚石、氧化物、硼化物、氮化物、硅化物上的游离金属，例如陶瓷或其他金属化合物，例如氧氮化合物或硫化物的入 C22C）；准备制造陶瓷制品的无机化合物的加工粉末〔4〕	5933
3	C08J5：含有高分子物质的制品或成形材料的制造（半透膜的制造入 B01D67/00 至 B01D71/00）〔2006.01〕	4874
4	H01M4：电极	3652
5	B64C1：机身；机身，机翼，稳定面或类似部件共同的结构特征（机身，机翼，稳定面或类似部件共同的空气动力特征入 B64C23/00；飞行甲板装备入 B64D）〔2006.01〕	3009
6	B32B27：实质上由合成树脂组成的层状产品〔2006.01〕	2834
7	B32B5：以非同质性或物理结构薄层为特征的层状产品	2665
8	C22C1：有色金属合金的制造（用电热法入 C22B4/00；用电解法入 C25C）〔2006.01〕	2634
9	C22C21：铝基合金〔2006.01〕	2559
10	B22F3：由金属粉末制造工件或制品，其特点为用压实或烧结的方法；所用的专用设备〔2021.01〕	2510

1.5 全球专利申请人分析

图 1–36 展示的是按照所属申请人（专利权人）的专利数量统计的航空材料产业全球专利主要申请人排名情况。

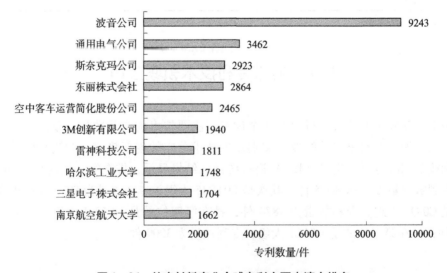

图 1–36 航空材料产业全球专利主要申请人排名

1.5.1　波音公司

1.5.1.1　专利申请趋势

图 1 - 37 展示的是波音公司航空材料产业全球专利申请量在 2012—2021 年的发展趋势。2012—2014 年，波音公司航空材料产业全球专利申请量快速增加，2012 年全球专利申请量为 486 件，到 2014 年达到峰值，专利申请量为 825 件；2015 年，波音公司航空材料产业全球专利申请量下降至 656 件；2015—2017 年，波音公司航空材料产业全球专利申请量呈现上升趋势；2017—2020 年，全球专利申请量呈现逐渐下降趋势；2021 年全球专利申请量相较于 2020 年略有增加，为 443 件。

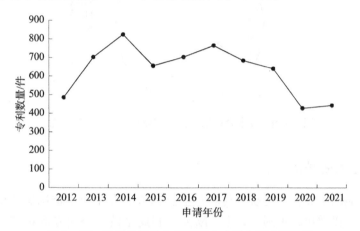

图 1 - 37　波音公司航空材料产业全球专利申请趋势

1.5.1.2　专利公开趋势

图 1 - 38 展示的是波音公司航空材料产业全球专利公开量在 2012—2021 年的发展

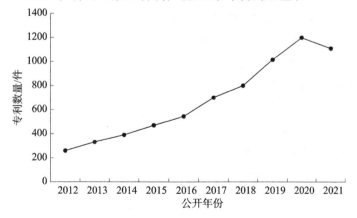

图 1 - 38　波音公司航空材料产业全球专利公开趋势

趋势。从图中可以看出,波音公司航空材料产业全球专利公开数量整体呈上升态势。专利公开数量在2012—2020年呈现较快的增长势头,其中2020年全球专利公开量达1198件;2021年,波音公司航空材料产业全球专利公开量有所减少。

1.5.1.3 专利类型

图1-39展示的是波音公司航空材料产业全球专利类型分布。经过检索,获得波音公司航空材料产业全球专利共9243件。其中,发明申请3125件,占总数的33.8%;发明授权6118件,占总数的66.2%。

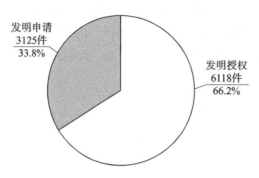

图1-39 波音公司航空材料产业全球专利类型分布

1.5.1.4 专利受理局分析

图1-40展示了波音公司航空材料产业全球专利在主要申请国家或地区的数量分布情况。由图可以看出,美国、日本、欧洲专利局是波音公司专利申请的重点布局地区,数量分别为3412件、1482件、1377件,紧跟其后的是中国850件、加拿大570件。企业可以跟踪、引进和消化相关领域技术,在此基础上实现技术突破。

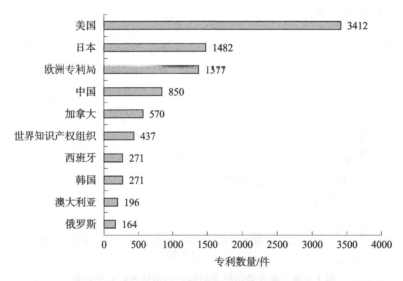

图1-40 波音公司航空材料产业全球专利在主要申请国家或地区的数量分布

1.5.1.5 专利技术领域分布

表 1-11 展示的是波音公司航空材料产业全球专利主要技术构成情况。通过分析，可以了解分析对象覆盖的技术类别及各技术分支的创新热度。对波音公司全球航空材料产业专利按照国际专利分类号（IPC）进行统计的结果显示，排在第一位的是 B29C70 大组，专利数量最多，达到 1147 件；其次是 B64C1 大组，专利数量为 524 件；排在第三位的是 B64C3 大组，专利数量为 197 件；排在第四位的是 B29C65 大组，专利数量为 193 件；排在第五位的是 B32B3 大组，专利数量为 173 件。

表 1-11　波音公司航空材料产业全球专利技术领域分布（大组）

排名	国际专利分类号（IPC）大组	专利数量/件
1	B29C70：成型复合材料，即含有增强材料、填料或预成型件（例如嵌件）的塑性材料［2006.01］	1147
2	B64C1：机身；机身，机翼，稳定面或类似部件共同的结构特征（机身，机翼，稳定面或类似部件共同的空气动力特征入 B64C23/00；飞行甲板装备入 B64D）［2006.01］	524
3	B64C3：机翼（稳定面入 B64C5/00；扑翼飞机机翼入 B64C33/02）［2006.01］	197
4	B29C65：预制部件的接合；所用的设备［2006.01］	193
5	B32B3：实质上由带有外部或内部不连续的或不平整的薄层，或非平面形状的薄层构成的层状产品（纤维或细丝层入 B32B5/02；颗粒层入 B32B5/16；泡沫层入 B32B5/18）；形状实质上具有特殊特征的层状产品（B32B1/00 优先）	173
6	B32B5：以非同质性或物理结构薄层为特征的层状产品	157
7	G01N29：利用超声波、声波或次声波来测试或分析材料；靠发射超声波或声波通过物体得到物体内部的显像（G01N3/00 至 G01N27/00 优先）［2006.01］	149
8	B29C43：压力成型，即施加外部压力使造型材料流动；所用的设备［2006.01］	148
9	B64F5：其他类目不包括的飞机设计、制造、装配、清洗、维修或修理；其他类目不包括的飞机部件的处理、运输、测试或检查［2017.01］	146
10	B23K20：利用冲击或其他压力的非电焊接，用或不用加热，例如包覆或镀敷［2006.01］	137

1.5.2　通用电气公司

1.5.2.1　专利申请趋势

图 1-41 展示的是通用电气公司航空材料产业全球专利申请量在 2012—2021 年的发展趋势。2012—2013 年，通用电气公司航空材料产业全球专利申请量快速增加，2012 年全球专利申请量为 174 件，2013 年全球专利申请量达 215 件；2013—2015 年，

通用电气公司航空材料产业全球专利申请量呈下降趋势；2015—2017 年，通用电气公司航空材料产业全球专利申请量呈上升趋势，并在 2017 年达到峰值，为 285 件；2017—2020 年，通用电气公司航空材料产业全球专利申请量呈快速下降趋势，2020 年全球专利申请量为 79 件；2021 年，全球专利申请量较 2020 年略有增加，为 81 件。

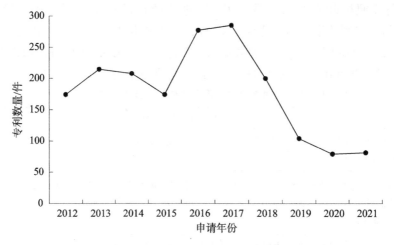

图 1-41　通用电气公司航空材料产业全球专利申请趋势

1.5.2.2　专利公开趋势

图 1-42 展示的是通用电气公司航空材料产业全球专利公开量在 2012—2021 年的发展趋势。从图中可以看出，通用电气公司航空材料产业全球专利公开数量整体呈上升趋势。其中，专利公开量在 2012—2013 年呈现平稳上升趋势；2013—2015 年缓慢下降；2015—2017 年又呈现快速增长趋势；2017 年专利公开量达到峰值，为 264 件；2017—2021 年，通用电气公司航空材料产业全球专利公开数量呈波动减少趋势，2021 年专利公开量为 236 件。

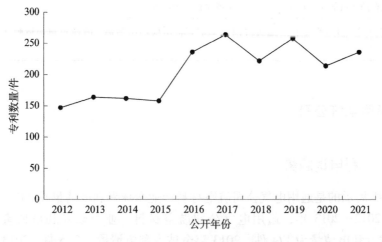

图 1-42　通用电气公司航空材料产业全球专利公开趋势

1.5.2.3　专利类型

图 1 - 43 展示的是通用电气公司航空材料产业全球专利类型分布。经过检索，获得通用电气公司航空材料产业全球专利共 3462 件。其中，发明申请 1767 件，占总数的 51.0%；发明授权 1693 件，占总数的 48.9%；实用新型 2 件，占总数的 0.1%。

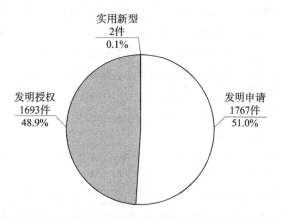

图 1 - 43　通用电气公司航空材料产业全球专利类型分布

1.5.2.4　全球专利受理局分析

图 1 - 44 展示了通用电气公司航空材料产业全球专利在主要专利申请国家或地区的数量分布情况。日本、美国、中国是通用电气公司专利申请的重点布局国家，数量分别为 1120 件、791 件、403 件。紧跟其后的是欧洲专利局 396 件、加拿大 242 件。企业可以跟踪、引进和消化相关领域技术，在此基础上实现技术突破。

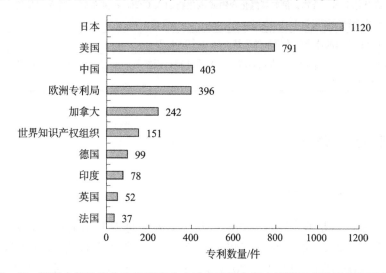

图 1 - 44　通用电气公司航空材料产业全球专利在主要申请国家或地区的数量分布

1.5.2.5 专利技术领域分布

表1-12展示的是通用电气公司航空材料产业全球专利主要技术构成情况。通过分析，可以了解分析对象覆盖的技术类别及各技术分支的创新热度。对通用电气公司航空材料产业全球专利按照国际专利分类号（IPC）进行统计的结果显示，排在第一位的是F01D5大组，专利数量为439件；其次是F02C7大组，专利数量为259件；排在第三位的是F01D25大组，专利数量为174件；排在第四位的是F01D11大组，专利数量为117件；排在第五位的是F01D9大组，专利数量为97件。

表1-12 通用电气公司航空材料产业全球专利技术领域分布（大组）

排名	国际专利分类号（IPC）大组	专利数量/件
1	F01D5：叶片；叶片的支承元件（喷嘴箱入F01D9/02）；叶片或元件的加热、隔热、冷却或防止振动装置［2006.01］	439
2	F02C7：不包含在组F02C1/00至F02C6/00中的或与上述各组无关的特征、部件、零件或附件；喷气推进装置的进气管（控制入F02C9/00）［2006.01］	259
3	F01D25：不包含在其他各组或与其无关的部件、零件或附件［2006.01］	174
4	F01D11：防止或减少工作流体的内部泄漏，如在两级之间（一般的密封入F16J）［2006.01］	117
5	F01D9：定子（非流体导向的外壳，调节、控制或安全方面，见有关各组）［2006.01］	97
6	F04D29：零件、部件或附件（一般机械零件入F16）［2006.01］	85
7	B29C70：成型复合材料，即含有增强材料、填料或预成型件（例如嵌件）的塑性材料［2006.01］	76
8	C04B359：以成分为特征的陶瓷成型制品；陶瓷组合物（含有不用作宏观增强剂的，粘接在碳化物、金刚石、氧化物、硼化物、氮化物、硅化物上的游离金属，例如陶瓷或其他金属化合物，例如氧氮化合物或硫化物的入C22C）；准备制造陶瓷制品的无机化合物的加工粉末	73
9	F23R3：应用液体或气体燃料的连续燃烧室［2006.01］	65
10	C04B41：砂浆、混凝土、人造石或陶瓷的后处理；天然石的处理（冷釉料之外的釉料入C03C8/00）	46

1.5.3 斯奈克玛公司

1.5.3.1 专利申请趋势

图1-45展示的是斯奈克玛公司航空材料产业全球专利申请量在2012—2021年的发展趋势。2012—2014年，斯奈克玛公司航空材料产业全球专利申请量快速下降，2012年全球专利申请量为279件，2014年全球专利申请量为140件；2015年，斯奈克玛公司航空材料产业全球专利申请量有所上升；2015—2018年，斯奈克玛公司航空材料产业全球专利申请量呈现下降趋势，2018年全球专利申请量为130件；2018—2020

年，斯奈克玛公司航空材料产业全球专利申请量呈现快速增长趋势，2020年全球专利申请量达234件；2021年，全球专利申请量快速下降，为67件。总体上，斯奈克玛公司航空材料产业全球专利申请量呈现下降趋势。

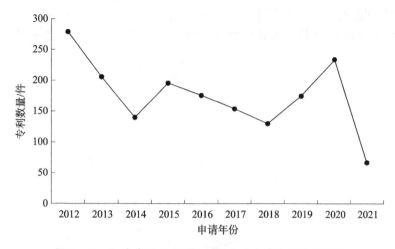

图1-45　斯奈克玛公司航空材料产业全球专利申请趋势

1.5.3.2　专利公开趋势

图1-46展示的是斯奈克玛公司航空材料产业全球专利公开量在2012—2021年的发展趋势。从图中可以看出，斯奈克玛公司航空材料产业全球专利公开数量整体呈上升趋势。其中，专利公开数量在2012—2014年呈现平稳上升趋势，2014年专利公开数量为201件；2015年有所下降，专利公开数量为178件；2016年，斯奈克玛公司航空材料产业全球专利公开量增长至220件。2016—2018年，呈现下降趋势。2019—2021年，斯奈克玛公司航空材料产业全球专利公开数量出现不断增长趋势，2021年达到峰值，专利公开数量为276件。

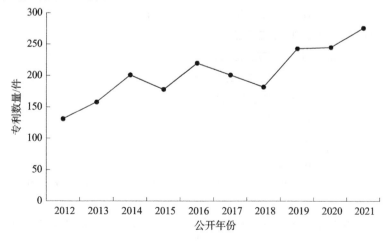

图1-46　斯奈克玛公司航空材料产业全球专利公开趋势

1.5.3.3 专利类型

图 1 – 47 展示的是斯奈克玛公司航空材料产业全球专利类型分布。经过检索，获得斯奈克玛公司航空材料产业全球专利共 2923 件。其中，发明申请 1490 件，占总数的 50.98%；发明授权 1432 件，占总数的 48.99%；实用新型 1 件，占总数的 0.03%。

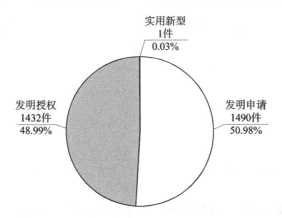

图 1 – 47 斯奈克玛公司航空材料产业全球专利公开趋势

1.5.3.4 全球专利受理局分析

图 1 – 48 展示了斯奈克玛公司航空材料产业专利全球专利在主要申请国家或地区的数量分布情况。法国、美国、日本是斯奈克玛公司航空材料产业专利重点申请国家，数量分别为 714 件、458 件、354 件。紧跟其后的是世界知识产权组织 303 件、欧洲专利局 301 件。企业可以跟踪、引进和消化相关领域技术，在此基础上实现技术突破。

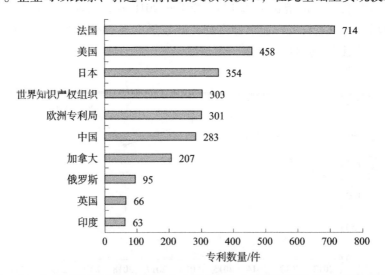

图 1 – 48 斯奈克玛公司航空材料产业全球专利在主要申请国家或地区的数量分布

1.5.3.5　专利技术领域分布

表 1 – 13 展示的是斯奈克玛公司在航空材料产业的全球专利主要技术构成情况。通过分析，可以了解分析对象覆盖的技术类别及各技术分支的创新热度。对斯奈克玛公司航空材料产业全球专利按照国际专利分类号（IPC）进行统计的结果显示，排在第一位的是 F01D5 大组，专利数量为 374 件；其次是 B29C70 大组，专利数量为 230 件；排在第三位的是 F01D25 大组，专利数量为 176 件；排在第四位的是 F01D11 大组，专利数量为 174 件；排在第五位的是 F01D9 大组，专利数量为 149 件。

表 1 – 13　斯奈克玛公司航空材料产业全球专利技术领域分布（大组）

排名	国际专利分类号（IPC）大组	专利数量/件
1	F01D5：叶片；叶片的支承元件（喷嘴箱入 F01D9/02）；叶片或元件的加热、隔热、冷却或防止振动装置 ［2006.01］	374
2	B29C70：成型复合材料，即含有增强材料、填料或预成型件（例如嵌件）的塑性材料 ［2006.01］	230
3	F01D25：不包含在其他各组或与其无关的部件、零件或附件 ［2006.01］	176
4	F01D11：防止或减少工作流体的内部泄漏，如在两级之间（一般的密封入 F16J）［2006.01］	174
5	F01D9：定子（非流体导向的外壳，调节、控制或安全方面，见有关各组）［2006.01］	149
6	F02C7：不包含在组 F02C1/00 至 F02C6/00 中的或与上述各组无关的特征、部件、零件或附件；喷气推进装置的进气管（控制入 F02C9/00）［2006.01］	127
7	F04D29：零件、部件或附件（一般机械零件入 F16）［2006.01］	94
8	B22F3：由金属粉末制造工件或制品，其特点为用压实或烧结的方法；所用的专用设备 ［2021.01］	74
9	C04B35：以成分为特征的陶瓷成型制品；陶瓷组合物（含有不用作宏观增强剂的，粘接在碳化物、金刚石、氧化物、硼化物、氮化物、硅化物上的游离金属，例如陶瓷或其他金属化合物，例如氧氮化合物或硫化物的入 C22C）；准备制造陶瓷制品的无机化合物的加工粉末	59
10	B23P15：制造特定金属物品，采用不包含在另一个单独的小类中或该小类的一个组中的加工 ［2006.01］	52

第2章

合金材料领域专利分析

2.1　合金材料领域概况

1. 合金材料研究背景

合金材料作为一种具有高性能、高强度、高耐腐蚀性等特殊性能的材料，具有广泛的市场需求。尤其是在航空航天、汽车、医疗、能源、建筑和电子等领域，应用需求不断增加，市场前景更加广阔。

合金材料是由两种或两种以上的金属或非金属元素组合而成的材料，具有优异的物理、化学和力学性能，广泛应用于各个行业领域。例如，高强度合金被用来制造飞机和火箭的结构件、汽车发动机和车架、建筑和桥梁等；高温合金被用来制造燃气轮机、核反应堆和高温加热器等；不锈钢合金被用来制造医疗器械、食品加工设备和海洋工程设备等。

在现代工业制造中，合金材料的应用日益广泛，成为现代制造业的重要组成部分。同时，合金材料的研究和开发也在不断深入，以满足各个行业的需求。随着科技的不断发展和工业化进程的不断加速，合金材料的需求量和应用范围不断扩大，对合金材料的研究和发展提出了更高的要求。

我国合金材料相关企业知识产权管理起步相对较晚，企业对知识产权的重视程度还不够，缺少知识产权管理经验，企业知识产权管理制度还不完善。❶ 随着技术的发展，商业航空、通用航空、军用航空对飞机的需求不断发展，带动了航空制造业的高速发展，使得航空制造业迎来了空前的发展机遇。因此，合金材料的研究和发展对于经济、技术、环保、国家安全和基础研究等都具有重要的意义。

2. 合金材料的研究意义

市场需求方面：随着经济全球化和市场化程度的不断提高，各个行业对于高性能、高强度、高耐腐蚀性等特殊性能材料的需求不断增加。合金材料产业对于满足市场需

---

❶　董莎，陈汉君. 科技型中小企业知识产权信息管理平台构建研究［J］. 电子知识产权，2017（5）：69-74.

求、推动市场发展和提高经济效益具有重要的作用。

技术创新方面：通过对合金材料的研究和开发，可以不断提高其性能和应用范围，满足各个行业的特殊需求。例如，高强度、低密度的铝合金，可以用于制造汽车和飞机等轻量化产品；高温合金，可以用于制造燃气轮机、核反应堆等。

环保方面：减少资源消耗和环境污染。例如，研发可回收利用的材料，减少废弃物的产生和对环境的影响；研发耐腐蚀性能好的材料，减少化学污染和对人体健康的影响。

国家安全方面：高强度、高硬度的合金材料，可以用于制造军事装备和武器等；耐腐蚀、耐高温的合金材料，可以用于核能、航空航天等领域。目前，我国对合金材料的研究已经进入一个新的阶段，合金材料的使用性能有所提升，应用领域不断扩展。但是，对合金材料的研究不能止步于此，应不断加强投入，为产业整体技术水平的提高，以及合金材料应用范围的进一步拓展，奠定坚实基础。❶

基础研究方面：合金材料领域的研究成果可以为其他材料的研究提供基础和参考。例如，合金材料的研究可以为高分子材料、复合材料等提供技术支持和发展方向。同时，合金材料研究的深入也可以推动材料科学的发展，为材料创新提供新的思路和方法。

3. 合金材料在航空工业中的应用

飞机结构材料：铝合金是航空工业中最常用的结构材料之一，其具有较高的强度和良好的耐腐蚀性。在大型客机中，铝合金用于机身和机翼的大部分结构。此外，钛合金、镍基合金、钛基合金等高强度材料也广泛应用于飞机结构中，例如飞机发动机叶轮、涡轮盘等高强度部件。

轻量化材料：轻量化材料的使用可以有效减轻飞机的重量，提高其性能和节能效果。在航空领域中，铝锂合金和镁合金等广泛应用于飞机结构和零部件的制造，以实现飞机的轻量化。

精密材料：航空领域中的一些部件，例如航空仪表等，对材料的精度和质量要求非常高。在这些部件的制造中，精密合金材料，例如钨钢、铂铑合金等被广泛应用。

4. 合金材料的发展阶段

铝合金时代：20 世纪 20 年代至 40 年代，随着飞机的发展和航空工业的兴起，铝合金成为最常用的材料之一。

钛合金时代：20 世纪 50 年代至 60 年代，钛合金成为航空工业中备受关注的材料。

镍基合金时代：20 世纪 70 年代，随着喷气发动机和高超音速飞行技术的发展，对材料的高温性能要求也越来越高，镍基合金应运而生。镍基合金具有较高的高温强度、高温稳定性、耐腐蚀性等优点。

钛基合金时代：20 世纪 80 年代至 90 年代，钛基合金的研究和应用逐渐成为热点。钛基合金具有高强度、高刚性等优点。

复合材料时代：21 世纪初至今，随着新材料技术的不断发展和应用，复合材料成为航空工业中新的材料热点。复合材料具有轻量化、高强度、高刚度、耐疲劳等优点。

---

❶ 陈汉君，董莎，宣铁民. 高端金属产业发展研究 [J]. 文存阅刊，2017 (5)：110.

2.2 全球专利申请趋势

图 2-1 展示的是合金材料全球专利申请量在 2013—2022 年的发展趋势。2013—2018 年，合金材料全球专利申请呈平稳增长趋势，2013 年全球专利申请量为 4711 件，2018 年到达顶峰，全球专利申请量为 7147 件；2018—2022 年，合金材料全球专利申请量总体呈快速下降趋势，2022 年全球专利申请量为 3984 件。

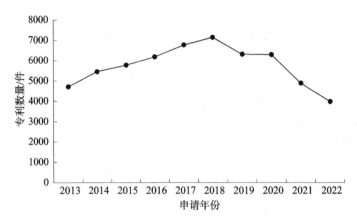

图 2-1 合金材料全球专利申请趋势

2.3 全球专利主要来源国家或地区

图 2-2 展示了合金材料全球专利在各个主要申请国家或地区的数量分布情况。中

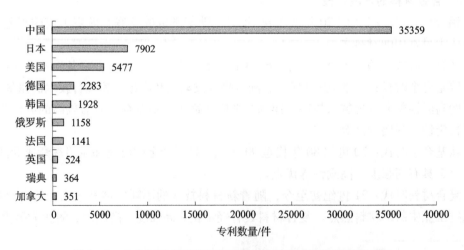

图 2-2 合金材料全球专利在主要申请国家或地区的数量分布

国、日本、美国是合金材料全球专利申请的重点国家，数量分别为 35359 件、7902 件、5477 件。紧跟其后的是德国 2283 件、韩国 1928 件。企业可以跟踪、引进和消化相关领域技术，在此基础上实现技术突破。

2.4　全球专利申请人排名

表 2-1 展示的是按照所属申请人（专利权人）的专利数量统计的合金材料全球专利主要申请人排名情况。KOBE STEEL LTD.、株式会社 UACJ、NOVELIS INC. 是合金材料领域的全球专利重点申请人，申请量分别为 3759 件、1027 件、868 件，紧跟其后的是中南大学 743 件、HITACHI METALS LTD. 519 件。

表 2-1　合金材料全球专利主要申请人排名

排名	申请人	专利数量/件
1	KOBE STEEL LTD.	3759
2	株式会社 UACJ	1027
3	NOVELIS INC.	868
4	中南大学	743
5	HITACHI METALS LTD.	519
6	北京科技大学	477
7	中国科学院金属研究所	412
8	上海交通大学	406
9	广州宇智科技有限公司	344
10	UACJ CORPORATION	328
11	哈尔滨工业大学	300
12	东北大学	281
13	北京工业大学	252
14	江苏大学	242
15	GENERAL ELECTRIC COMPANY	222
16	中国航发北京航空材料研究院	216
16	重庆大学	216
18	吉林大学	212
18	KABUSHIKI KAISHA KOBE SEIKO SHO（KOBE STEEL LTD.）	212
20	西南铝业（集团）有限责任公司	211
21	昆明理工大学	210
22	FURUKAWA ELECTRIC CO LTD.	206
23	西北工业大学	204

排名	申请人	专利数量/件
24	CONSTELLIUM ISSOIRE	197
25	西安交通大学	187
26	POSCO	183
27	华南理工大学	174
27	西北有色金属研究院	174
29	燕山大学	163
30	ARCONIC INC.	113

2.5 国内专利类型分布

图 2-3 展示的是合金材料国内专利类型分布。经过检索，获得合金材料国内专利共 35359 件。其中，发明申请 32239 件，占总数的 91.2%；实用新型 2978 件，占总数的 8.4%；发明授权 142 件，占总数的 0.4%。

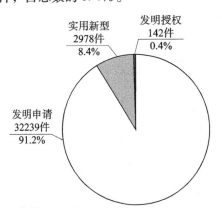

图 2-3 合金材料国内专利类型分布

2.6 国内专利申请趋势

图 2-4 展示的是合金材料国内专利申请量在 2013—2022 年的发展趋势。通过申请趋势可以从宏观层面把握这一阶段的合金材料国内专利申请热度变化。2013—2018 年，合金材料国内专利申请量呈上升趋势，这与全球专利申请趋势是一致的，且 2013 年国内专利申请量为 2307 件，2018 年到达峰值，国内专利申请量为 4493 件；2019 年，合金材料国内专利申请量有所下降，为 3783 件；2020 年又有所增加，国内申请量为 4047

件；2021—2022 年，合金材料国内专利申请量呈持续减少趋势，2022 年国内专利申请量为 3399 件。

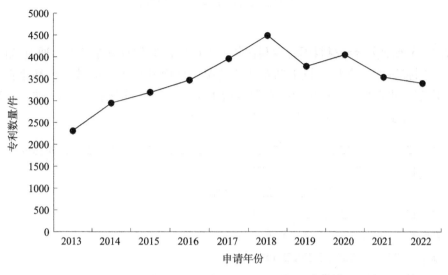

图 2-4　合金材料国内专利申请趋势

2.7　国内专利申请人国家或地区分布

图 2-5 展示了合金材料国内专利在主要申请国家或地区的数量分布情况。中国、日本、美国是合金材料国内专利的重点来源国家，数量分别为 33189 件、882 件、548 件。紧跟其后的是德国 223 件、韩国 123 件。

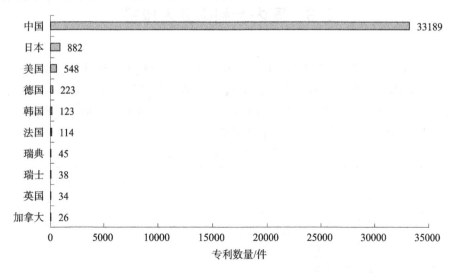

图 2-5　合金材料国内专利在主要申请国家或地区的数量分布

2.8　国内专利申请人省份分布

图 2-6 展示了合金材料国内专利在各个申请省份的数量分布情况。通过该图可以了解在不同省份的合金材料技术创新活跃情况，从而发现主要的技术创新来源地区。江苏、广东、北京是合金材料国内专利申请重点省份，数量分别为 5519 件、3129 件、2704 件。紧跟其后的是安徽 2028 件、陕西 1979 件。

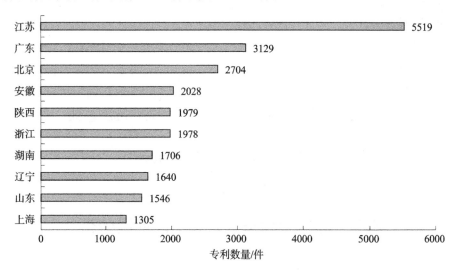

图 2-6　合金材料国内专利申请人省份分布

2.9　国内专利申请人排名

表 2-2 展示的是按照所属申请人（专利权人）的专利数量统计的合金材料国内专利主要申请人排名情况。中南大学、北京科技大学、中国科学院金属研究所是合金材料领域的国内专利重点申请人，申请量分别为 743 件、475 件、408 件。紧跟其后的是上海交通大学 406 件、广州宇智科技有限公司 344 件。

表 2-2　合金材料国内专利申请人排名

排名	申请人	专利数量/件
1	中南大学	743
2	北京科技大学	475
3	中国科学院金属研究所	408
4	上海交通大学	406

排名	申请人	专利数量/件
5	广州宇智科技有限公司	344
6	哈尔滨工业大学	299
7	东北大学	276
8	北京工业大学	252
9	江苏大学	242
10	重庆大学	216
11	中国航发北京航空材料研究院	215
12	西南铝业（集团）有限责任公司	211
13	昆明理工大学	209
14	吉林大学	204
15	西北工业大学	203
16	西安交通大学	184
17	华南理工大学	174
18	西北有色金属研究院	171
19	燕山大学	163
20	山东南山铝业股份有限公司	156
21	华中科技大学	134
22	合肥工业大学	131
23	东北轻合金有限责任公司	129
24	南昌大学	127
24	太原理工大学	127
24	株式会社神户制钢所	127
27	河南科技大学	124
28	中北大学	123
28	大连理工大学	123
30	株式会社 UACJ	122

2.10　重点申请人分析

2.10.1　诺贝丽斯公司

诺贝丽斯公司（NOVELIS INC.）是一家专注于生产轧制铝制品的跨国铝业公司。

该公司成立于 2005 年，总部位于美国佐治亚州的亚特兰大市。诺贝丽斯公司是印度孟买的领先铝和铜生产商印度铝工业有限公司（HINDALCO INDUSTRIES LTD.）的美国子公司。

诺贝丽斯公司在多个市场运营，包括汽车、饮料罐、建筑和建设、消费电子和工业产品。该公司的产品广泛应用于各种领域，从汽车零部件到铝罐和建筑外墙。

诺贝丽斯公司拥有超过 11000 名员工，业务遍及 11 个国家，在北美地区、南美地区、欧洲地区和亚洲地区拥有制造设施。该公司非常注重可持续发展，减少其"碳足迹"并增加回收铝的使用。

诺贝丽斯公司进行了多项战略性收购，以扩大其全球业务和产品范围。2018 年，该公司收购了领先的铝轧制产品生产商爱励铝业有限公司（ALERIS CORPORATION），进一步加强了其在汽车市场和航空市场的地位。

2.10.1.1 专利申请趋势

图 2-7 展示的是诺贝丽斯公司合金材料全球专利申请量在 2013—2022 年的发展趋势。通过申请趋势可以从宏观层面把握诺贝丽斯公司在这一阶段的专利申请热度变化。2013—2016 年，诺贝丽斯公司合金材料全球专利申请量呈快速增加趋势，2016 年全球专利申请量达到峰值，为 151 件；2016—2020 年，诺贝丽斯公司合金材料全球专利申请量呈下降趋势，2020 年专利申请量为 29 件；2021 年，诺贝丽斯公司合金材料全球专利申请量有所增长，为 44 件；2022 年，诺贝丽斯公司合金材料全球专利申请量较 2021 年有所下降，为 16 件。

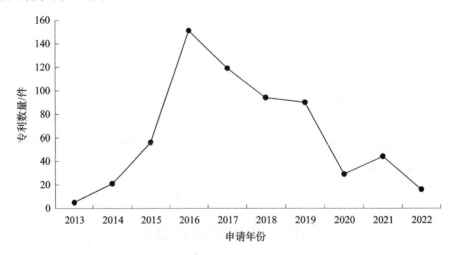

图 2-7 诺贝丽斯公司合金材料领域专利申请趋势

2.10.1.2 专利法律状态

图 2-8 展示的是诺贝丽斯公司合金材料全球专利法律状态分布。其中，失效专利 269 件，占比 30.9%；有效专利 256 件，占比 29.4%；审中专利 132 件，占比 15.2%；

法律状态未知的专利 130 件，占比 14.9%；PCT 指定期满专利 78 件，占比 9.0%；PCT 指定期内专利 5 件，占比 0.6%。

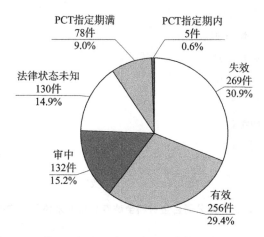

图 2 - 8　诺贝丽斯公司合金材料全球专利法律状态分布

2.10.1.3　专利类型

图 2 - 9 展示的是诺贝丽斯公司合金材料全球专利类型分布。其中，发明专利 864 件，占比 99.5%；实用新型专利 4 件，占比 0.5%。

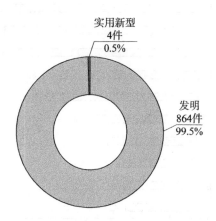

图 2 - 9　诺贝丽斯公司合金材料全球专利类型分布

2.10.1.4　专利技术来源国家或地区排名

图 2 - 10 展示的是诺贝丽斯公司合金材料全球专利技术来源国家或地区排名，可以看出，其主要来源国是美国。

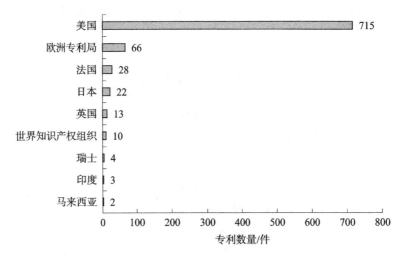

图2-10 诺贝丽斯公司合金材料全球专利技术来源国家或地区排名

2.10.1.5 专利目标市场排名

图2-11展示的是诺贝丽斯公司合金材料全球专利目标市场排名情况。可以看出，美国、日本、欧洲专利局、世界知识产权组织、加拿大等国家或地区是诺贝丽斯公司合金材料专利的主要布局所在。

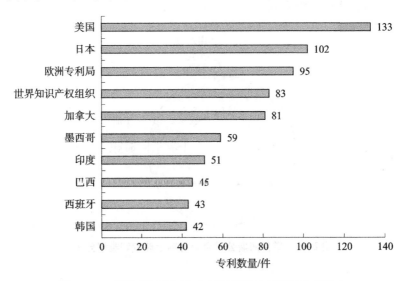

图2-11 诺贝丽斯公司合金材料目标专利目标市场排名

2.10.1.6 专利技术构成分析

图2-12展示的是诺贝丽斯公司合金材料全球专利技术构成情况。可以看出，绝大多数专利属于C22C21（铝基合金）、C22F1（用热处理法或用热加工或冷加工法改变

有色金属或合金的物理结构）、B32B15（实质上由金属组成的层状产品）、C22C1（有色金属合金的制造）大组技术领域。

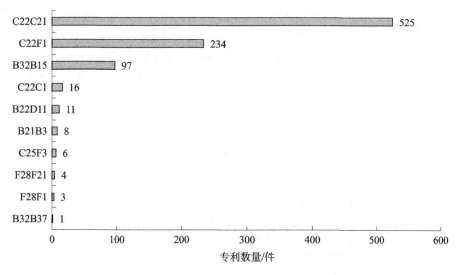

图 2 – 12　诺贝丽斯公司合金材料全球专利技术构成

2. 10. 1. 7　高被引专利

对诺贝丽斯公司合金材料全球专利按被引证次数从高到低检索，列出排名前十位的高被引专利详细信息，见表 2 – 3 ～表 2 – 12。

表 2 – 3　申请号为 US08676794 的专利信息

专利名称	罐料用铸造铝合金及其制造方法		
申请号	US08676794	申请日	1996/7/8
公开（公告）号	US6120621A	公开（公告）日	2000/9/19
摘要	一种用于罐料的铝合金带，其厚度小于或等于 30 mm，并且在所述带中含有大的（Mn，Fe）Al_6 金属间化合物作为主要的金属间颗粒。所述金属间颗粒在所述带材的表面具有平均表面尺寸并且在所述带材的主体中具有平均体积尺寸，所述平均表面尺寸大于所述平均体积尺寸。所述带状制品可以通过具有除铝之外的基本上由以下重量百分比的组分组成的熔融铝合金来制备：Si 为 0.05% ～ 0.15%；Fe 为 0.3% ～ 0.6%；Mn 为 0.6% ～ 1.2%；Mg 为 1.1% ～ 1.8%；Cu 为 0.2% ～ 0.6%；和其他元素，且每种元素占比小于或等于 0.05%，最多占其他元素总量的 0.2%；以及在具有相对移动模具表面的连铸机中铸造熔融合金，铸态厚度小于或等于 30 mm。所述移动模具表面具有 4 ～ 13 μm 的表面粗糙度，基本上呈尖峰的形式，并且以导致在所述带材表面产生 12 ～ 18 μm 的枝晶间臂间距的速率从所述金属中提取热量。然后可以通过轧制和退火步骤将带材加工到最终厚度		

表 2 - 4　申请号为 US08279214 的专利信息

专利名称	铝合金及铝合金薄板制造方法		
申请号	US08279214	申请日	1994/7/22
公开（公告）号	US5616189A	公开（公告）日	1997/4/1
摘要	一种铝合金，其含有镁、硅和任选的铜，其重量百分比落在以下范围之一：（1）0.4% ≤ Mg≤0.8%，0.2% ≤ Si ≤ 0.5%，0.3% ≤ Cu ≤ 3.5%；以及（2）0.8% ≤ Mg ≤ 1.4%，0.2% ≤ Si ≤ 0.5%，Cu ≤ 2.5%；（3）0.4% ≤ Mg ≤ 1.0%，0.2% ≤ Si ≤ 1.4%，Cu≤2.0%；所述合金被成形为具有适合于汽车应用的性能的片材。该合金还可含有至少一种附加元素，所述附加元素选自：Fe 的重量百分比为 0.4% 或更少，Mn 的重量百分比为 0.4% 或更少，Zn 的重量百分比为 0.3% 或更少，以及少量的至少一种其他元素，例如 Cr、Ti、Zr 和 V。合金可以在带式铸造机中铸造成适合于汽车板的片材，同时以合适的速率从合金中提取热量，避免片材的外壳变形和过度的表面偏析，至少直到所述合金凝固为止；固溶热处理所述片材以再溶解沉淀颗粒；以及以产生适合于汽车面板的 T4 回火和潜在的 T8X 回火的速率冷却片材。通过这种方法，可以高效且经济地生产适合于汽车用的面板		

表 2 - 5　申请号为 US12653894 的专利信息

专利名称	包层金属板和由其制成热交换器管等		
申请号	US12653894	申请日	2009/12/17
公开（公告）号	US20100159272A1	公开（公告）日	2010/6/24
摘要	示例性实施例涉及适于制造用于热交换器的冷却剂输送管、集管等的多层铝合金板材，以及由板材制造的管和集管等。多层金属板具有包括第一和第二侧面的铝合金芯层。第一侧面具有由位于含 Zn 外层和芯层之间的含 Zn 铝合金制成的夹层。外层合金比中间层合金具有更高的电负性。夹层的合金优选比芯层的合金具有更高的电负性。以这种方式包覆的第一侧面是用于暴露于冷却液的侧面，并且具有良好的耐腐蚀性和耐冲刷性		

表 2 - 6　申请号为 US08899691 的专利信息

专利名称	具有改进的耐腐蚀性的用于焊接结构的 AlMgMn 合金产品		
申请号	US08899691	申请日	1997/7/25
公开（公告）号	US5908518A	公开（公告）日	1999/6/1
摘要	本发明涉及一种用于焊接机械结构的轧制或挤压的 AlMgMn 铝合金产品，其成分（重量百分比）为：3.0% < Mg <65%，0.2% < Mn < 1.0%，Fe < 0.8%，0.05% < Si < 0.6%，Zn < 1.3%，可能 Cr < 0.15% 和/或元素 Cu 中的一种或多种，Ti、Ag、Zr、V 的含量均小于 0.30%，其他元素和不可避免的杂质均小于 0.05%，合计小于 0.15%，其中 Mg_2Si 颗粒的尺寸为 0.5 ~ 5μm，数量为 150 ~ 2000 个/mm^2，优选 300 ~ 1500 个/mm^2。本发明的产品具有良好的耐腐蚀性，并且用于结构应用，例如船、海上结构或工业车辆		

表 2 – 7　申请号为 US09024849 的专利信息

专利名称	具有降低的绳索效应的铝合金薄板的制造方法		
申请号	US09024849	申请日	1998/2/17
公开（公告）号	US6120623A	公开（公告）日	2000/9/19
摘要	本发明提供一种铝合金薄板制品的制造方法，该铝合金薄板制品适于成形为汽车部件并显示出降低的绳索效应。该方法是通过直接冷铸铝合金以形成铸锭来制造铝合金薄板制品，使锭均匀化，将铸锭热轧成形并制成中间规格产品，冷轧中间规格产品以形成最终规格产品，并通过将产品加热到固溶温度对最终规格产品进行固溶处理，接着进行预时效步骤，该预时效步骤包括将产品冷却到高于 50℃ 的卷绕温度。在卷绕温度下卷绕冷却的产品，并从高于 50℃ 的卷绕温度冷却卷绕的最终规格产品。以小于每小时 10℃ 的速率加热至环境温度。提高产品的 T8X 回火特性。另外，在中间规格产品上或在冷轧的中间阶段进行批量退火步骤，以减少或消除合金薄板产品的成形倾向。为了保持高的 T8X 响应，在该方法中使用的合金具有以下组成（重量百分比）：0.4%～1.1% 的镁；0.3%～4% 的硅；0～1.0% 的铜；0～0.4% 的铁；0～0.15% 锰；0～0.15% 的天然存在的杂质（总计）；其余为铝。本发明还涉及一种通过所述方法生产的具有降低的绳索效应的片状合金产品		

表 2 – 8　申请号为 US08764983 的专利信息

专利名称	铝合金板材热处理工艺		
申请号	US08764983	申请日	1996/12/13
公开（公告）号	US5728241A	公开（公告）日	1998/3/17
摘要	一种生产固溶热处理铝合金板材的方法，包括对热轧或冷轧铝合金板材进行固溶热处理，然后淬火，在发生明显的时效硬化之前，对合金板材进行一次或多次后续热处理，包括将材料加热至 100～300℃ 范围内的峰值温度（优选 130～270℃），将材料在峰值温度下保持少于约 1min 的时间，并将合金从峰值温度冷却至 85℃ 或更低的温度。这样处理的板材可用于汽车覆盖件，并具有良好的"油漆烘烤响应"，即在覆盖件的涂装和烘烤后，屈服强度从 T4 回火增加到 T8X 回火		

表 2 – 9　申请号为 CN201680016341.5 的专利信息

专利名称	高强度 7×××铝合金和其制备方法		
申请号	CN201680016341.5	申请日	2016/10/28
公开（公告）号	CN107406925A	公开（公告）日	2017/11/28
摘要	本发明描述了新型 7××× 系列铝合金。所述合金表现出高强度。所述合金可以用于多种应用中，包括机动车、运输、电子设备、航空航天以及工业应用。本发明还描述了制备和加工所述合金的方法。本发明还描述了生产金属片的方法，所述方法包括铸造如本发明所述的铝合金以形成铸锭；将所述铸锭均匀化；热轧所述铸锭以生产热带材；以及将所述热带材冷轧成最终规格的金属片		

表 2 - 10　申请号为 US09913469 的专利信息

专利名称	AA6000 铝板的制造方法		
申请号	US09913469	申请日	2001/10/31
公开（公告）号	US6652678B1	公开（公告）日	2003/11/25
摘要	一种将 6000 系列铝合金锭转变为自退火片材的方法，包括对锭材进行两阶段均化处理，首先在至少 560℃下，然后在 450～480℃下，然后在 450～480℃的起始热轧温度和 320～360℃的结束热轧温度下热轧均化锭材。所得热轧片材具有异常低的立方再结晶成分		

表 2 - 11　申请号为 US07301653 的专利信息

专利名称	提高钎焊板耐蚀性的工艺		
申请号	US07301653	申请日	1989/1/25
公开（公告）号	US5041343A	公开（公告）日	1991/8/20
摘要	本发明描述了一种生产用于钎焊的耐腐蚀铝复合板产品的方法。所述工艺步骤包括：PA1（a）铸造含不超过 0.4% 的铁、不超过 0.15% 的硅、0.1%～0.6% 的铜和 0.7%～1.5% 的锰的铝基芯材，PA1（b）用铝基钎焊合金包覆铸态芯材，热轧以形成板材，PA1（c）直接冷轧所述板材至最终规格。当该产品经受钎焊热循环时，紧邻包层的芯部合金中形成致密的沉淀带，其保护芯部免受腐蚀		

表 2 - 12　申请号为 US07302021 的专利信息

专利名称	具有改进耐腐蚀性的铝制品		
申请号	US07302021	申请日	1989/1/25
公开（公告）号	US5037707A	公开（公告）日	1991/8/6
摘要	描述了一种耐腐蚀的铝制品。它包括由铝合金形成的主体部分，该铝合金含有不超过 0.4% 的铁、不超过 0.15% 的硅、0.1%～0.6% 的铜和 0.7%～1.5% 的锰。耐腐蚀性由在合金中邻近其至少一个表面形成的致密沉淀的富硅带提供。该条带具有 20～50μm 的厚度，并且条带中固溶体中的锰比条带外合金中的锰少得多。为了形成条带，将营硅层施加到要保护的合金主体的表面上，并且在至少 550℃ 的温度下热处理由此形成的混合物		

2.10.2　株式会社 UACJ

　　株式会社 UACJ 是一家全球领先的铝制品制造商，总部位于日本东京。公司成立于 2013 年，是由古河天空株式会社和住友轻金属工业株式会社合并而成的。株式会社 UACJ 是全球最大的铝制品制造商之一，其产品广泛应用于汽车、建筑、包装、电子、能源和航空等领域。

　　株式会社 UACJ 在日本、美国、欧洲和亚洲等国家或地区均设有制造工厂，拥有超过 10000 名员工。公司的产品包括铝板、铝箔、铝合金材料、铝板材和铝型材等。

株式会社 UACJ 致力于实现可持续发展，并积极推动铝的回收和再利用。公司采用最先进的技术和工艺，不断改善生产流程，以减少对环境的影响。

在汽车行业方面，株式会社 UACJ 是世界上最大的汽车铝制品供应商之一，为各大汽车制造商提供高质量的铝制品，这种产品有助于降低车身重量、提高燃油效率和减少排放。此外，株式会社 UACJ 的产品还在航空领域拥有广泛的应用，公司一直致力于为航空制造商提供轻量化的解决方案。

2.10.2.1　专利申请趋势

图 2-13 展示的是株式会社 UACJ 合金材料全球专利申请量在 2013—2022 年的发展趋势。通过申请趋势可以从宏观层面把握株式会社 UACJ 在这一阶段的合金材料专利申请热度变化。2013—2016 年，株式会社 UACJ 合金材料全球专利申请量呈下降趋势，从 2013 年的 143 件持续降至 2016 年的 89 件；2017 年全球专利申请量有所增加，为 128 件；2018—2020 年，株式会社 UACJ 合金材料全球专利申请量逐年减少；2021 年全球专利申请量较 2020 年略有增加；从 2022 年开始，全球专利申请量又开始减少。

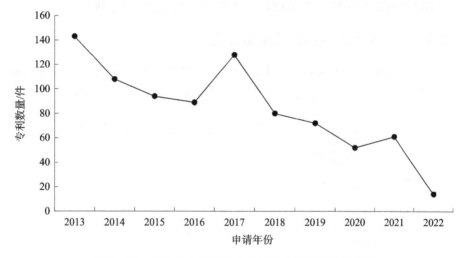

图 2-13　株式会社 UACJ 合金材料全球专利申请趋势

2.10.2.2　专利法律状态

图 2-14 展示的是株式会社 UACJ 合金材料全球专利法律状态分布。其中，有效专利 449 件，占比 43.7%；失效专利 215 件，占比 20.9%；审中专利 162 件，占比 15.8%；PCT 指定期满专利 130 件，占比 12.7%；法律状态未知的专利 55 件，占比 5.3%；PCT 指定期内专利 16 件，占比 1.6%。

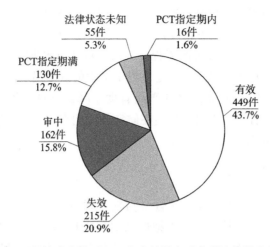

图 2-14 株式会社 UACJ 合金材料全球专利法律状态分布

2.10.2.3 专利类型

株式会社 UACJ 的 1027 件合金材料全球专利类型均为发明专利。

2.10.2.4 专利技术来源国家或地区排名

图 2-15 展示的是株式会社 UACJ 合金材料全球专利技术来源国家或地区排名,❶ 可以看出,株式会社 UACJ 的合金材料全球专利技术主要来源国是日本。

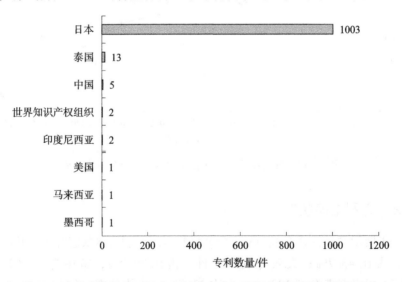

图 2-15 株式会社 UACJ 合金材料全球专利技术来源国家或地区排名

---

❶ 本书中的技术来源国排名的分析维度是"最早优先权国别",由于一个专利是可以有多个优先权的,所以会存在最早优先权国别相加的专利数大于该申请人总的专利数。

2.10.2.5　专利目标市场排名

图 2-16 展示的是株式会社 UACJ 合金材料全球专利目标市场排名情况。可以看出，日本、中国、世界知识产权组织、美国、欧洲专利局是株式会社 UACJ 合金材料专利的主要布局所在。

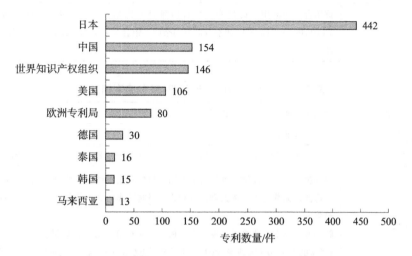

图 2-16　株式会社 UACJ 合金材料全球专利目标市场排名

2.10.2.6　专利技术构成分析

图 2-17 展示的是株式会社 UACJ 合金材料全球专利技术构成情况，其绝大多数专利属于 C22C21（铝基合金）大组技术领域。

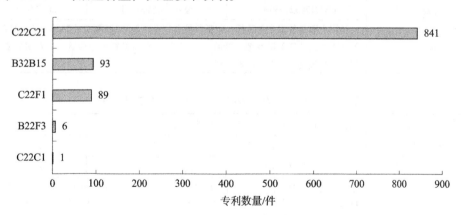

图 2-17　株式会社 UACJ 合金材料全球专利技术构成

2.10.2.7　高被引专利

对株式会社 UACJ 合金材料全球专利按被引证次数从高到低检索，列出排名前十位的高被引专利详细信息，见表2-13～表2-22。

表2-13 申请号为 WOJP15080756 的专利信息

专利名称	铝合金基板用于磁盘		
申请号	WOJP15080756	申请日	2015/10/30
公开（公告）号	WO2016068293A1	公开（公告）日	2016/5/6
摘要	该铝合金基板用于磁性盘，含有质量百分比为 0.5%～24.0% 的 Si 和 0.01%～3.00% 的 Fe，以及 Al 和不可避免的杂质。铝合金基板的磁盘具有平滑且高刚性的电镀表面		

表2-14 申请号为 JP2011247158 的专利信息

专利名称	锂离子电池的密封材料和铝合金板的制造方法		
申请号	JP2011247158	申请日	2011/11/11
公开（公告）号	JP5872256B2	公开（公告）日	2016/3/1
摘要	要解决的问题：提供一种铝合金板用密封材料用于锂离子电池，由于其降低的工作淬透性，无须受压后热处理，可防止防爆阀工作压力的增加，其还可实现更高的机箱强度。 解决方案：本发明提供一种铝合金板，其含有组合物（以质量百分比计）：0.8%～1.5% 的 Mn，0.6% 或更少的 Si，0.7% 或更少的 Fe，0.2% 或更少的 Cu，和 0.2% 或更少的 Zn，以及 Al 和不可避免的杂质，并满足：（TS96-TS80）<15MPa		

表2-15 申请号为 US15522921 的专利信息

专利名称	磁盘用铝合金基板		
申请号	US15522921	申请日	2015/10/30
公开（公告）号	US20170327930A1	公开（公告）日	2017/11/16
摘要	一种用于磁盘的铝合金基板，包括质量百分比为 0.5% 或更高且 24.0% 或更低的 Si、0.01% 或更高且 3.00% 或更低的 Fe，以及 Al 和不可避免的杂质。本发明的磁盘用铝合金基板具有平滑的镀敷表面，刚性高		

表2-16 申请号为 CN201280045064.2 的专利信息

专利名称	铝合金材料和铝合金结构体及其制造方法		
申请号	CN201280045064.2	申请日	2012/10/1
公开（公告）号	CN103930577A	公开（公告）日	2014/7/16
摘要	本发明的课题是提供一种铝合金材料，所述铝合金材料可以用于各种铝合金结构体、可以以单层的状态进行接合，并且接合前后无变形。通过下述铝合金材料解决上述课题：其为含有质量百分比为 1%～5% 的 Si、质量百分比为 0.01%～2.0% 的 Fe，其余部分包含 Al 和不可避免的杂质的铝合金材料；具有 0.5～5μm 的等效圆直径的 Si 系金属间化合物在所述铝合金材料的截面中存在 250 个/mm² 以上、7×10⁵ 个/mm² 以下，具有 0.5～5μm 的等效圆直径的 Al 系金属间化合物存在 100 个/mm² 以上、7×10⁵ 个/mm² 以下。此外，本发明的铝合金结构体通过下述方法来制造：在真空中或非氧化性气氛中，以该铝合金材料内所生成的液相相对于铝合金材料的总质量的质量之比为 5% 以上、35% 以下的温度进行接合		

表2-17 申请号为 CN201180040845.8 的专利信息

专利名称	成形包装体材料		
申请号	CN201180040845.8	申请日	2011/9/14
公开（公告）号	CN103140592A	公开（公告）日	2013/6/5
摘要	本发明提供一种具有良好成形性能的铝合金成形包装体材料。该成形包装体材料具备铝合金箔，其含有 Fe 0.8%～1.7%（质量百分比，后同）、Si 0.05%～0.20%、Cu 0.0025%～0.0200%，剩余部分由 Al 和不可避免的杂质构成，平均结晶粒径为 20μm 以下，相对轧制方向呈 0°、45°、90°方向的 0.2% 耐力的平均值 YS 和最大抗拉强度的平均值 TS 满足 YS/TS≤0.60		

表2-18 申请号为 CN201380003071.0 的专利信息

专利名称	热交换器翅用铝合金材料及其制造方法，以及使用该铝合金材料的热交换器		
申请号	CN201380003071.0	申请日	2013/1/25
公开（公告）号	CN103906852A	公开（公告）日	2014/7/2
摘要	本发明的课题是提供一种铝合金材料，所述铝合金材料能够作为热交换器的翅材以单层状态进行接合，且接合前后无变形。用于解决上述课题的铝合金材料为下述热交换器翅材用铝合金材料：含有 Si 1.0%～5.0%（质量百分比，后同）、Fe 0.1%～2.0%、Mn 0.1%～2.0%，其余部分包含 Al 和不可避免的杂质，具有 0.5～5μm 的等效圆直径的 Si 系金属间化合物在所述铝合金材料的截面中存在 250 个/mm^2 以上、$7×10^4$ 个以下，具有超过 5μm 的等效圆直径的 Al-Fe-Mn-Si 系金属间化合物在所述铝合金材料的截面中存在 10 个/mm^2 以上、1000 个以下，所述铝合金材料具有单层加热接合功能。根据需要，该合金还可以进一步含有 Mg、Cu、Zn、In、Sn、Ti、V、Zr、Cr、Ni、Be、Sr、Bi、Na、Ca		

表2-19 申请号为 JP2013202462 的专利信息

专利名称	汽车用铝-镁-硅系铝合金板及其制造方法		
申请号	JP2013202462	申请日	2013/9/27
公开（公告）号	JP2015067857A	公开（公告）日	2015/4/13
摘要	要解决的问题：提供一种用于汽车面板的铝-镁-硅基铝合金片材，其具有优异的冲压成形性、能够进行平边加工的可弯曲性、形状冻结性、涂层磨损固化性和耐腐蚀性，并提供其制造方法。 解决方案：一种用于汽车面板的铝-镁-硅基铝合金板，含有 Si 0.4%～1.5%，Mg 0.2%～1.2%，Cu 0.001%～1.0%，Zn 0.5% 或更少，Ti 0.1% 或更少，B 50ppm 或更少，一种或多种 Mn 0.3% 或更少，Cr 0.20% 或更少，Zr 0.15% 或更少，以及 Al 和不可避免的杂质。在距表面、深度为片材厚度的 1/4 处，立方体方向密度分布在 10～25 的范围内，r 值的平均值 r_{ave} $[r_{ave}=(r_0+r_{90}+r_{45}×2)/4]$ 为 0.50 或更大，r 值的平面内各向异性指数绝对值 Δr $[\Delta r=(r_0+r_{90}-r_{45}×2)/2]$ 为 0.3 或更小，晶粒平均尺寸为 50μm 或更小		

表 2-20   申请号为 JP2016143017 的专利信息

专利名称	一种用于磁盘的铝合金基板及其制造方法		
申请号	JP2016143017	申请日	2016/7/21
公开（公告）号	JP2017031507A	公开（公告）日	2017/2/9
摘要	要解决的问题：一种用于磁盘的铝合金基板，其具有良好的表面平整度和强度。 解决方案：本发明提供了一种用于磁盘的铝合金基板，其由含有 4.5% ~ 10.0%（质量百分比，后同）的 Mg、0.00001% ~ 0.00200% 的 Be、0.03% ~ 0.150% 的 Cu、0.05% ~ 0.60% 的 Zn、0.010% ~ 0.300% 的 Cr、0.060% 或更少的 Si、0.060% 或更少的 Fe，以及余量 Al 和不可避免的杂质的铝合金组成，所述铝合金具有 50ppm 或更小的 Mg 基氧化物含量和 $(I_{Be}/I_{bulk}) \times (C_{Be}) \leq 0.1000\%$，其中 I_{Be} 是通过辉光放电发射光谱化学分析装置在表面深度方向上 Be 的最大发射强度，I_{bulk} 是在铝合金内部的基材中 Be 的平均发射强度，并且 $(C_{Be})\%$ 是 Be 含量；以及其制造方法		

表 2-21   申请号为 CN201580002654.0 的专利信息

专利名称	磁盘基板用铝合金板及其制造方法以及磁盘的制造方法		
申请号	CN201580002654.0	申请日	2015/9/24
公开（公告）号	CN105745344A	公开（公告）日	2016/7/6
摘要	要解决的问题：提供一种磨削面平滑的磁盘基板用铝合金板和能够以低成本制造该铝合金板以及磁盘的制造方法。 解决方案：提供一种磁盘基板用铝合金板及其制造方法以及磁盘制造方法，该磁盘基板用铝合金板由以下的铝合金构成，该铝合金含有 Mg 3.0% ~ 8.0%（质量百分比，后同）、Cu 0.005% ~ 0.150%、Zn 0.05% ~ 0.60%、Cr 0.010% ~ 0.300%、Fe 0.001% ~ 0.030%、Si 0.001% ~ 0.030%；还含有 (Ti + V + Zr) 0.0010% ~ 0.0100%、B 0.0001% ~ 0.0010%；剩余部分由 Al 和不可避免的杂质构成。该磁盘基板用铝合金板中，具有超过 5μm 的最长径的 Ti - V - B - Zr 系夹杂物的存在密度为 0 个/6000mm²，具有 3 ~5μm 的最长径的 Ti - V - B - Zr 系夹杂物的存在密度为 1 个/6000mm² 以下		

表 2-22   申请号为 JP2012268757 的专利信息

专利名称	铝合金钎焊片及其制造方法，以及使用所述的铝合金钎焊片的热交换器		
申请号	JP2012268757	申请日	2012/12/7
公开（公告）号	JP2014114475A	公开（公告）日	2014/6/26
摘要	要解决的问题：提供一种具有优异钎焊性能和耐腐蚀性的铝合金钎焊片，提供一种制造该钎焊片的方法，以及提供一种使用该铝合金钎焊片的热交换器。 解决方案：提供了一种铝合金钎焊片，包括由铝合金制成的芯材和包覆在芯材的至少一个表面上的具有钎焊性能的牺牲材料，芯材包括 Mn、Fe 以及铝和不可避免的杂质，具有钎焊性能的牺牲材料包括 Si、Zn、Fe，以及铝和不可避免的杂质，具有钎焊性能的牺牲材料中的包层率为 3% ~ 25%，具有纤维状结构的芯材和具有钎焊性能的牺牲材料具有再结晶结构，作为加热钎焊之前的金相组织；一种生产铝合金钎焊片的方法；以及采用铝合金钎焊片的热交换器		

2.10.3　神户制钢株式会社

神户制钢株式会社（KOBE STEEL LTD.）是一家总部位于日本神户市的全球性综合制造企业。公司成立于 1905 年，以铁路轨道制造而起步，如今已发展成为一家涵盖多个领域的制造商，其产品包括钢铁、铝制品、铜制品、机械设备、电力设备和化工产品等。

神户制钢株式会社拥有多个制造工厂和研发中心，在全球范围内拥有超过 30000 名员工。该公司的钢铁产品广泛应用于汽车、建筑、船舶、电力、石油和天然气等行业，其铝制品和铜制品则主要用于汽车、建筑和电子等领域。

神户制钢株式会社致力于推动可持续发展，并推出了一系列环保举措，包括减少能源消耗、降低废水和废气排放、提高资源利用率等。该公司还通过研发新技术和创新产品来提高生产效率和产品质量，并积极与国内外的企业和机构开展各种领域的合作和研究。

2.10.3.1　专利申请趋势

图 2 – 18 展示的是神户制钢株式会社合金材料全球专利申请量在 2013—2022 年的发展趋势。通过申请趋势可以从宏观层面把握神户制钢株式会社在这一阶段的合金材料专利申请热度变化。申请数量的统计范围是已公开的专利。2013—2014 年，神户制钢株式会社合金材料全球专利申请量呈下降趋势；2015 年，全球专利申请量有所增加，为 149 件；从 2016 年开始，神户制钢株式会社合金材料全球专利申请量逐年减少，2016 年全球专利申请量为 121 件，2022 年全球专利申请量为 7 件。

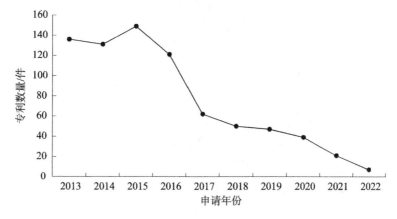

图 2 – 18　神户制钢株式会社合金材料全球专利申请趋势

2.10.3.2　专利法律状态

图 2 – 19 展示的是神户制钢株式会社合金材料全球专利法律状态分布。其中，失

效专利 2902 件, 占比 77.2%; 有效专利 481 件, 占比 12.8%; PCT 指定期满专利 175 件, 占比 4.7%; 审中专利 141 件, 占比 3.7%; 法律状态未知的专利 55 件, 占比 1.5%; PCT 指定期内专利 5 件, 占比 0.1%。

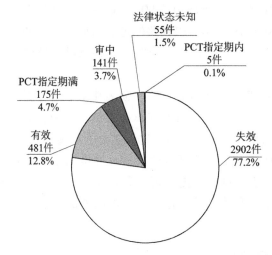

图 2 - 19 神户制钢株式会社合金材料全球专利法律状态分布

2.10.3.3 专利类型

图 2 - 20 展示的是神户制钢株式会社合金材料全球专利类型分布。其中, 发明专利 3747 件, 占比 99.7%; 实用新型专利 12 件, 占比 0.3%。

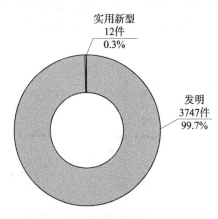

图 2 - 20 神户制钢株式会社合金材料全球专利类型分布

2.10.3.4 专利技术来源国家或地区排名

图 2 - 21 展示的是神户制钢株式会社合金材料全球专利技术来源国家或地区排名。可以看出, 神户制钢株式会社合金材料全球专利技术主要来源国是日本。

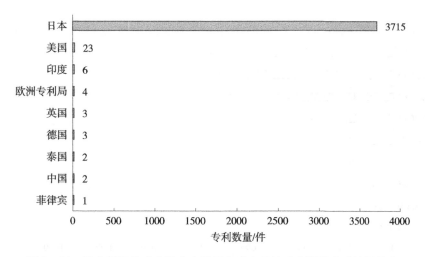

图 2 - 21　神户制钢株式会社合金材料全球专利技术来源国家或地区排名

2. 10. 3. 5　专利目标市场排名

图 2 - 22 展示的是神户制钢株式会社合金材料全球专利目标市场排名情况。可以看出，日本是神户制钢株式会社合金材料专利的主要布局所在。

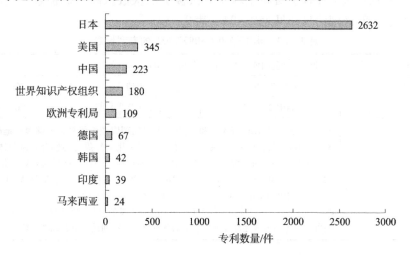

图 2 - 22　神户制钢株式会社合金材料全球专利目标市场排名

2. 10. 3. 6　专利技术构成分析

图 2 - 23 展示的神户制钢株式会社合金材料全球专利技术构成情况。可以看出，绝大多数专利属于 C22C21（铝基合金）、C22F1（用热处理法或用热加工或冷加工法改变有色金属或合金的物理结构）、B32B15（实质上由金属组成的层状产品）大组技术领域。

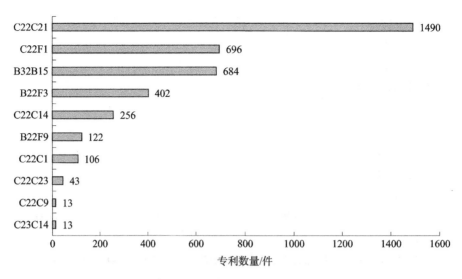

图 2-23　神户制钢株式会社合金材料全球专利技术构成

2.10.3.7　高被引专利

对神户制钢株式会社合金材料全球专利按被引证次数从高到低检索，列出排名前十位的高被引专利详细信息，见表 2-23～表 2-32。

表 2-23　申请号为 US09773638 的专利信息

专利名称	一种由铝合金制成的腔体材料及加热部件		
申请号	US09773638	申请日	2001/2/2
公开（公告）号	US20010019777A1	公开（公告）日	2001/9/6
摘要	本发明提供一种耐热开裂性和耐化学和/或物理腐蚀性优良，能够很好地减少污染，并且在高温腐蚀性环境下具有优良的、广泛适用的钎焊性的铝合金制腔体材料，其中，由具有阳极氧化膜的铝合金制成的腔体材料的基材铝材料包含以质量百分比计的 0.1%～2.0%Si、0.1%～3.5%Mg、0.02%～4.0%Cu，余量为 Al 和杂质元素，杂质元素中的 Cr 小于 0.04%。优选地，杂质元素中的 Fe 为 0.1% 或更少，Mn 为 0.04% 或更少，并且除 Cr 和 Mn 之外的杂质元素的总量被限制在 0.1% 或更少。本发明可适用于高温腐蚀性环境中使用的各种材料，特别是高温腐蚀性气体或等离子气氛		

表 2-24　申请号为 US10633550 的专利信息

专利名称	Ag 基合金薄膜及用于形成 Ag 基合金薄膜的溅射靶		
申请号	US10633550	申请日	2003/8/5
公开（公告）号	US20040028912A1	公开（公告）日	2004/2/12
摘要	本发明涉及一种 Ag 基合金薄膜。特别是，在光信息记录介质领域中，其优选用作具有高导热率/高反射率/高耐久性的光信息记录介质的反射膜或半透射反射膜，抗 Ag 聚集性优异的电磁屏蔽膜，以及反射型液晶显示装置背面的光反射膜等。本发明的 Ag 基合金膜包含总量为 0.005%～10%（以原子百分比计）的 Bi 和/或 Sb。另外，本发明涉及一种用于沉积这种 Ag 基合金膜的溅射靶		

表 2 - 25 申请号为 JP2002352512 的专利信息

专利名称	钛合金和高尔夫球杆		
申请号	JP2002352512	申请日	2002/12/4
公开（公告）号	JP2004183058A	公开（公告）日	2004/7/2
摘要	要解决的问题：本发明提供一种用于高尔夫球杆的钛合金，该钛合金冲击回弹力更高，并且具有高尔夫球杆所需的最小强度，以及提供使用该钛合金获得的高尔夫球杆。解决方案：用于高尔夫球杆的钛合金包括 12%～20% 的 Mo 和 2%～4.5% 的 Al，其余为 Ti 和不可避免的杂质，并且在室温下具有 900MPa 的拉伸强度。钛合金被用作高尔夫球杆头表面的材料，使其可以表现出令人满意的冲击回弹力		

表 2 - 26 申请号为 US12279470 的专利信息

专利名称	用于不同材料接合的药芯焊丝和接合不同材料的方法		
申请号	US12279470	申请日	2007/2/6
公开（公告）号	US20090017328A1	公开（公告）日	2009/1/15
摘要	本发明提供了一种将不同材料彼此接合的药芯焊丝、将不同材料彼此接合的方法以及通过该方法获得的接合接头，所述药芯焊丝能够在黏合铝基材料与钢基材料时提高接合强度，并且接合效率优良。特别地，提供了一种用于在高强度异种材料熔接的情况下将其彼此接合的方法，即在高强度 6000 系列铝合金构件与高强度钢构件和钢构件是镀锌钢构件的情况下。在一种模式中，使用焊剂芯丝，其中铝合金外壳的内部填充有焊剂，焊剂具有含有给定量的 AlF$_3$ 而不含氯化物的氟化合物，并且外壳的铝合金含有质量百分比为 1%～13% 的 Si。如果使用这种药芯焊丝，则在高强度异种材料彼此熔接的情况下，即高强度钢构件与高强度 6000 系列铝合金构件熔接的情况下，可以获得高的接合强度		

表 2 - 27 申请号为 US08207049 的专利信息

专利名称	硬涂层材料、涂覆硬涂层材料的滑动构件和用于制造滑动构件的方法		
申请号	US08207049	申请日	1994/3/8
公开（公告）号	US5449547A	公开（公告）日	1995/9/12
摘要	通过离子镀工艺涂覆硬膜以覆盖活塞环的外周表面。在硬膜的 CrN 晶体结构中，含有以固溶体状态存在的重量百分比为 3%～20% 的氧或 2%～11% 的碳。硬膜的维氏硬度在 1600 至 2200 的范围内		

表 2 - 28 申请号为 US09685096 的专利信息

专利名称	热浸镀锌钢板及其制造方法		
申请号	US09685096	申请日	2000/10/11
公开（公告）号	US6306527B1	公开（公告）日	2001/10/23
摘要	一种由冷轧钢板制成的热浸镀锌钢板，作为基础钢板，主要包括：C 0.010%～0.06%（重量百分比，后同），Si 不超过 0.5%，Mn 不低于 0.5% 和低于 2.0%，P 不大于 0.20%，S 0.01% 以下，Al 0.005%～0.10%，N 0.005% 以下，Cr 1.0% 以下，Mn + 1.3Cr 1.9%～2.3%，以及余量 Fe，具有由铁氧体和含有马氏体的第二相构成的结构，该结构中的第二相的面积不超过 20%，第二相中的马氏体不少于 50%，并且具有通过热浸镀锌或热浸镀锌退火在其表面形成的镀锌层。一种生产所述热浸镀锌钢板的方法。本发明的钢板具有含有马氏体的复合组织，但强度低（不高于 500MPa），并且具有良好的强度 - 延展性平衡		

表 2 - 29 申请号为 US08564622 的专利信息

专利名称	一种高强度和高延展性的钛合金		
申请号	US08564622	申请日	1995/11/29
公开（公告）号	US5759484A	公开（公告）日	1998/6/2
摘要	本发明公开了一种钛合金，其通过在 Ti - 6Al - 4V 合金的基本化学成分体系如 Al 和 V 中添加 O、C 和 Fe 实现平衡，或者通过在上述化学成分体系中增加 Al 并进一步根据 Al、O、C 和 Fe 的添加量向其中添加合适量的 N，仅通过退火处理就可以提供高强度并实现高延展性，而不需要提供固溶处理和时效工艺		

表 2 - 30 申请号为 JP2000038427 的专利信息

专利名称	一种用于消声器的钛的合金材料和消声器		
申请号	JP2000038427	申请日	2000/2/16
公开（公告）号	JP2001234266A	公开（公告）日	2001/8/28
摘要	要解决的问题：开发充分利用钛合金原始特性的轻质性和耐腐蚀性、在不特别损害其成本和可加工性的情况下提高耐热性和抗氧化性的消声器用钛合金；其作为用于汽车或摩托车的消声器的合金的寿命增加，并且设计的自由度增加；还提供使用相同钛合金的高性能消声器。 解决方案：该消声器用钛合金材料由含有质量百分比为 0.5%～2.3% 的 Ti 或其他合金元素构成，并且具有由体积百分比为 90% 相和 10% 相组成的金属结构，并且通过使用相同的钛合金来制造耐热性、抗氧化焊接性能等优良的轻质消声器		

表 2 - 31 申请号为 JP2010161583 的专利信息

专利名称	一种用于电池收集器的硬化铝箔		
申请号	JP2010161583	申请日	2010/7/16
公开（公告）号	JP2012021205A	公开（公告）日	2012/2/2
摘要	要解决的问题：提供一种硬化铝箔用于电池的收集器，其具有一定的强度；具有优良的拉伸性和低电阻。 解决方案：该用于电池收集器的硬化铝箔中含有 0.2%～1.3%（质量百分比，后同）的铁，0.01%～0.5% 的铜；和不超过 0.2% 的硅；以及其余部分包含铝和不可避免的杂质。该硬化铝箔具有至少 98.0% 的纯度，在厚度方向上亚晶粒尺寸至多为 0.8μm，在轧制方向上亚晶粒尺寸最大为 45μm		

表 2 - 32 申请号为 US09055906 的专利信息

专利名称	耐腐蚀性优异的高强度可热处理 7000 系铝合金及其制造方法		
申请号	US09055906	申请日	1998/4/7
公开（公告）号	US6048415A	公开（公告）日	2000/4/11
摘要	一种可热处理 7000 系铝合金，其具有晶粒尺寸为 45μm 或更小、纵横比（晶粒的纵向/横向比）优选为 4 或更小的微结构，其耐腐蚀性通过采用固溶热处理和硬化而显著提高，然后在 100～145℃ 进行 5～50h 时效处理，在 140～195℃ 下回流处理 0.5～30h。在 100～145℃ 下再时效处理 5～50h，从而使电导率达到 38～40IACS%，并使微结构在晶界上的 η 相具有 20nm 或更大的最小距离，且晶粒中的 η′ 相最大尺寸为 20nm 或更小		

2.10.4　日立金属株式会社

日立金属株式会社（HITACHI METALS LTD.）是一家总部位于日本东京的全球性金属制造商。公司成立于 1956 年，拥有超过 70 个生产工厂，销售网络遍布全球，产品涵盖金属材料、自动控制设备、电力设备和工业机械等领域。

日立金属株式会社的主要产品包括钢铁、铜、铝、钨、钴等金属及其合金。这些产品广泛应用于汽车、航空航天、电子、电力、建筑和工业机械等领域。

日立金属株式会社致力于实现可持续发展，推出了多项环保措施，如提高生产效率和资源利用率、减少废物和污染物排放、推广再生能源等。该公司还积极推进研究开发，不断推出新产品和技术，以满足客户的需求。

在汽车行业方面，日立金属株式会社是主要供应商之一，为各大汽车制造商提供高品质的金属材料和零部件。此外，该公司产品还在航空航天领域拥有广泛的应用，为航空制造商提供轻量化材料和零部件，以提高飞机燃油效率和减少碳排放。

2.10.4.1　专利申请趋势

图 2-24 展示的是日立金属株式会社合金材料全球专利申请量在 2013—2022 年的发展趋势。通过申请趋势可以从宏观层面把握日立金属株式会社在这一阶段的合金材料专利申请热度变化。2013—2014 年，日立金属株式会社合金材料全球专利申请量有所增加，2015 年全球专利申请量减少；2016—2018 年，日立金属株式会社合金材料全球专利申请量快速增加，2016 年全球专利申请量为 9 件，2018 年全球专利申请量为 28 件；2019—2022 年，日立金属株式会社合金材料全球专利申请量逐年减少。

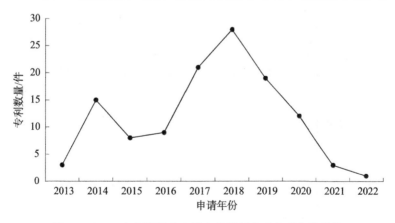

图 2-24　日立金属株式会社合金材料全球专利申请趋势

2.10.4.2　专利法律状态

图 2-25 展示的是日立金属株式会社合金材料全球专利法律状态分布。其中，失

效专利343件，占比66.1%；有效专利103件，占比19.9%；PCT指定期满专利41件，占比7.9%；法律状态未知的专利24件，占比4.6%；审中专利7件，占比1.3%；PCT指定期内专利1件，占比0.2%。

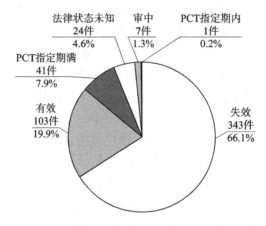

图2-25 日立金属株式会社合金材料全球专利法律状态分布

2.10.4.3 专利类型

日立金属株式会社的519件合金材料全球专利均为发明专利。

2.10.4.4 专利技术来源国家或地区排名

图2-26展示的是日立金属株式会社合金材料全球专利技术来源国家或地区排名。可以看出，日立金属株式会社的合金材料专利技术主要来源国是日本，有517件专利来自日本。

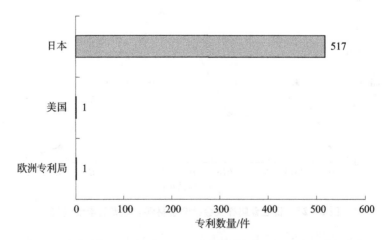

图2-26 日立金属株式会社合金材料全球专利技术来源国家或地区

2.10.4.5 专利目标市场排名

图2-27展示的是日立金属株式会社合金材料全球专利目标市场排名情况。可以看出，日本是日立金属株式会社合金材料专利的主要布局所在。

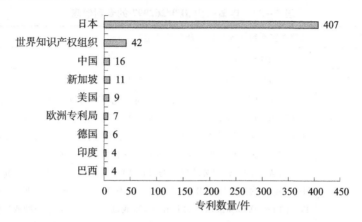

图2-27 日立金属株式会社合金材料全球专利目标市场排名

2.10.4.6 专利技术构成分析

图2-28展示的日立金属株式会社合金材料全球专利技术构成情况。可以看出，绝大多数专利属于B22F3（由金属粉末制造工件或制品，其特点为用压实或烧结的方法；所用的专用设备）、B22F9（制造金属粉末或其悬浮物）大组技术领域，分别有218件和152件。

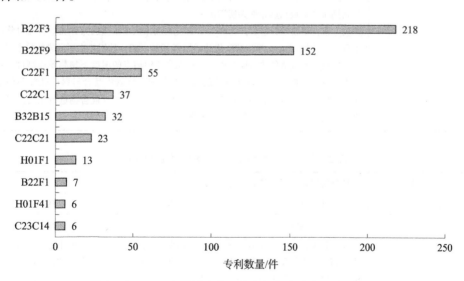

图2-28 日立金属株式会社合金材料全球专利技术构成

2.10.4.7 高被引专利

对日立金属株式会社合金材料全球专利按被引证次数从高到低检索，列出排名前十位的高被引专利详细信息，见表2-33～表2-42。

表2-33 申请号为JP08262997的专利信息

专利名称	低热膨胀系数的镍基高温合金及其生产		
申请号	JP08262997	申请日	1996/10/3
公开（公告）号	JP09157779A	公开（公告）日	1997/6/17
摘要	要解决的问题：生产一种廉价的"沉淀强化型"高温合金，该高温合金具有显著优于铁素体耐热钢的高温强度、良好的抗氧化性和缺口敏感性，以及等于或低于铁素体耐热钢的热膨胀系数，且易于生产，并提供一种生产该高温合金的方法。 解决方案：这种低热膨胀镍基高温合金具有如下成分（按重量计）：0.2%或以下的C、1%或以下的Si、1%或以下的Mn、10%～24%的Cr、5%～17%的Mo和W［其中一种或两种均有，如Mo+(1/2) W］、0.5%～2%的Al、1%～3%的Ti、10%以下的Fe、0.02%或以下的B和0.2%或以下的Zr（其中一种或二种均有），以及余量Ni和不可避免的杂质。如有需要，上述组合物中可以掺入5%或以下的Co和1.0%或以下的Nb		

表2-34 申请号为JP08279860的专利信息

专利名称	一种具有低热膨胀系数和高热导率的铝复合材料及其生产		
申请号	JP08279860	申请日	1996/10/2
公开（公告）号	JP09157773A	公开（公告）日	1997/6/17
摘要	要解决的问题：通过将具有特定组成的复合材料的孔隙率指定为特定百分比或更低，控制热膨胀系数和热导率为所需水平。 解决方案：铝粉的含量优选为99%，碳化硅粉末的含量优选为99%。将通过将按体积百分数计的20%～90%的碳化硅添加到10%～80%的铝粉中而形成的粉末混合物压制成形的预成型件放入模具中。然后在高于铝熔点的温度下加热预成型件，由此获得具有低热膨胀性和高导热性的铝复合材料。然后将复合材料的孔隙率限制在10%。在高于铝熔点的温度和500kg/cm^{2}的压力下对粉末混合物进行压力烧结。结果，该复合材料可广泛用作半导体材料的辐射板		

表2-35 申请号为US07946849的专利信息

专利名称	一种金属陶瓷合金及其制造方法		
申请号	US07946849	申请日	1992/9/18
公开（公告）号	US5348806A	公开（公告）日	1994/9/20
摘要	一种具有包括硬质相和结合相结构的金属陶瓷合金，所述硬质相包括：（1）MC、Mn和MCN中的至少一种，其中M是选自Ti、Zr、Hf、V、Nb、Ta、Cr、Mo和W中的至少一种；（2）至少一种选自（M、Mo）（B、C），（M、Mo）（B、N）和（M、Mo）（B、CN）的化合物；（3）至少一种Mo-Co-B化合物。该金属陶瓷合金具有优异的韧性和硬度，可通过常规烧结方法加工。本发明还包括一种金属陶瓷合金的制造方法		

表 2-36　申请号为 US10224402 的专利信息

专利名称	溅射靶以及制造该溅射靶和高熔点金属粉末材料的方法		
申请号	US10224402	申请日	2002/8/21
公开（公告）号	US20030019326A1	公开（公告）日	2003/1/30
摘要	本发明提供一种高熔点金属粉末的制造方法，该高熔点金属粉末具有高纯度和优良的成形性，特别是由 Ta、Ru 等制成的熔点高于铁的球形颗粒金属粉末。本发明还提供了一种高熔点金属或其合金的靶材，该靶材通过在压力下烧结这些粉末而成，该高熔点金属或合金具有高纯度和低氧浓度，并且显示出高密度和细小均匀的结构。将主要由高熔点金属材料组成的粉末金属材料引入已引入氢气的热等离子体中，从而完成精炼和球化。另外，通过热等静压等方法在压力下压制可得到粉末		

表 2-37　申请号为 US09995567 的专利信息

专利名称	钴基靶材及其制造方法		
申请号	US09995567	申请日	2001/11/29
公开（公告）号	US20020106297A1	公开（公告）日	2002/8/8
摘要	本发明涉及一种由烧结粉末制成的具有受限氧量的 Co 基靶及其制造方法。所述靶含有大于 10% 且不大于 25%（原子百分数，后同）的 B 和不大于 100ppm 的氧。它可以含有 30%～5% 的 Pt，30%～10% 的 Cr，≥10% 的 Ta 和/或≥30% 的 Ni。它还可以含有总量为 0～15% 的一种或多种选自 Ti、Zr、Hf、V、Nb、Mo、W、Cu、Ag、Au、Ru、Rh、Pd、Os、Ir 和稀土元素的元素。所述靶通过以下步骤制备：熔化 Co 基合金和添加剂 B，所述添加剂 B 的量为 10%～25%，由此脱氧；快速冷却熔融金属以制备合金粉末；以及烧结所述合金粉末。可任选地，通过将上述合金粉末与另一种金属粉末混合，更具体地由选自 Cu、Ag、Au、Ru、Rh、Pd、Os、Ir 和 Pt 的一种或多种元素组成，并烧结粉末混合物而制备		

表 2-38　申请号为 US07914544 的专利信息

专利名称	钛-钨靶材及其制造方法		
申请号	US07914544	申请日	1992/7/16
公开（公告）号	US5306569A	公开（公告）日	1994/4/26
摘要	一种能够限制溅射过程中产生的粒子量的钛-钨靶材料和该钛-钨材料的制造方法。钛-钨靶材料具有钛-钨合金相，如在其微结构中观察到的，该钛-钨合金相占据材料的全部面积的 98% 或更大。在该制造方法的一个示例中，通过固溶处理熔化钨和钛获得的铸锭以形成钛-钨靶，或者通过将熔化铸锭获得的粉末烧结以形成靶。优选地，可以在减压下以电子束熔化方式进行熔化。在该制造方法的另一示例中，通过雾化方法由熔融金属形成粉末，并且将获得的粉末烧结以形成钛-钨靶。对于粉末的烧结，优选采用热等静压或热压方法		

表 2 - 39   申请号为 US12092286 的专利信息

专利名称	R - Fe - B 稀土烧结磁体及其制造方法		
申请号	US12092286	申请日	2007/3/1
公开（公告）号	US20080286595A1	公开（公告）日	2008/11/20
摘要	在本发明的 R - Fe - B 系稀土烧结磁体的制造方法中，首先，本发明提供了一种 R - Fe - B 基稀土烧结磁体，其包括作为主相的 $R_2Fe_{14}B$ 型化合物的晶粒，所述化合物包括作为主要稀土元素 R 的轻稀土元素 RL，所述轻稀土元素是 Nd 和 Pr 中的至少一种，同时将作为选自 Dy、Ho 和 Tb 中的至少一种元素的重稀土元素 RH 供给到烧结磁体的表面，同时加热烧结磁体主体，由此将重稀土元素 RH 扩散到稀土烧结磁体主体中		

表 2 - 40   申请号为 US09612561 的专利信息

专利名称	溅射靶及其制造方法和高熔点金属粉末材料制造方法		
申请号	US09612561	申请日	2000/7/7
公开（公告）号	US6589311B1	公开（公告）日	2003/7/8
摘要	本发明提供一种高熔点金属粉末的制造方法，该高熔点金属粉末具有高纯度和优良的成形性，特别是由 Ta、Ru 等制成的熔点高于铁的球形颗粒金属粉末。本发明还提供了一种高熔点金属或其合金的靶材，该靶材由这些粉末的在压力下烧结而成，所述高熔点金属或合金具有高纯度和低氧浓度，并且显示出高密度和细小均匀的结构。将主要由高熔点金属材料组成的粉末金属材料引入已引入氢气的热等离子体中，从而完成精炼和球化。另外，通过热等静压等方法在压力下压制可得到粉末		

表 2 - 41   申请号为 JP10134360 的专利信息

专利名称	晶粒定向凝固铸造强度的高镍基超级合金		
申请号	JP10134360	申请日	1998/4/28
公开（公告）号	JP11310839A	公开（公告）日	1999/11/9
摘要	要解决的问题：通过形成横向于凝固部分的凝固方向延伸的不连续的突出部分，开指定沉淀碳化物的碳含量和体积比，提高高温强度，以及获得对铸造产生的晶界和固溶热处理产生的再结晶晶界的高抵抗性。 解决方案：横向于铸件凝固部分的凝固方向延伸的不连续突出部分以凝固部分的厚度形成，优选为该厚度的 1.5～2 倍。该铸件含有 0.03%～0.20%（重量百分比）的 C 和 0.004%～0.05%（重量百分比）的 B。固溶热处理后保留相的体积比为 4%～20%，碳化物、硼化物或它们的混合物的体积比为 10%。此外，在铸件中，按重量百分比计，包含 0～2% 的 Hf、0～0.1% 的 Zr、2%～25% 的 Cr、2%～7% 的 Al、0～8% 的 Mo、0～16% 的 W、0～16% 的 Re、0～4% 的 V、0～8% 的 Nb、0～16% 的 Ta、0～15% 的 Co 等		

表 2 −42　申请号为 US08862387 的专利信息

专利名称	具有改进的阻尼能力的铝合金构件及其制造方法		
申请号	US08862387	申请日	1997/5/23
公开（公告）号	US5976709A	公开（公告）日	1999/11/2
摘要	本发明提供了薄的汽车部件，例如由铝合金制成的变速箱，其不太可能产生由振动引起的噪声。本发明提供一种具有改进的阻尼能力的铝合金构件，该铝合金构件中设置有插入件。该铝合金构件包括：插入铝合金中的等温淬火石墨铸铁构件，该等温淬火石墨铸铁构件的构成产品的部分厚度不大于 6mm。本发明提供一种铝合金构件的制造方法，在铝合金浇注后 10s 内，将石墨铸铁材料的温度降低到 400℃ 以下。所述石墨铸铁材料包含 2.5%～4.0%（重量百分比，后同）的 C、2.0%～3.5% 的 Si、0.1%～0.8% 的 Mn，以及选自 0.1%～2.0% 的 Cu、0.1%～2.0% 的 Ni 和 0.05%～0.5% 的 Mo 中的至少一种，其余为 Fe 和不可避免的杂质。所述铝合金包括 2.0%～4.0% 的 Cu、7%～12% 的 Si 和不大于 0.3% 的 Mg，余量由 Al 和不可避免的杂质组成		

2.10.5　阿尔科尼克公司

阿尔科尼克公司（ARCONIC INC.）是一家全球性的工程材料和解决方案提供商，总部位于美国纽约市。阿尔科尼克公司于 1888 年创立，是全球领先的铝和其他金属制品生产商之一。

阿尔科尼克公司的业务范围包括航空航天、汽车、建筑、能源和消费电子等领域。其产品包括高强度合金、铝板和塑料材料、紧固件、金属制品，以及用于航空航天、汽车、建筑和工业市场的特殊金属部件。

阿尔科尼克公司在全球拥有多个制造工厂和研发中心，雇用了超过 30000 名员工。该公司致力于实现可持续发展，并采取了一系列措施来减少能源消耗、废水和废气排放、废物产生，以及提高资源利用率。

阿尔科尼克公司还与各大客户和供应商合作，致力于创新和开发新的解决方案和产品，以满足不断变化的市场需求。该公司还积极投资于研究和开发，以推动其在各个领域的领先地位。

2.10.5.1　专利申请趋势

图 2 −29 展示的是阿尔科尼克公司合金材料全球专利申请量在 2013—2019 年的发展趋势。通过申请趋势可以从宏观层面把握阿尔科尼克公司在这一阶段的合金材料专利申请热度变化。2013—2017 年，阿尔科尼克公司合金材料全球专利申请量逐年增加，2013 年全球专利申请量为 1 件，2017 年全球专利申请量突破两位数，达到 43 件；2018 年，阿尔科尼克公司合金材料全球专利申请量有所减少，为 18 件；2019 年，阿尔科尼克公司合金材料全球专利申请量较 2018 年有所增加，为 29 件。

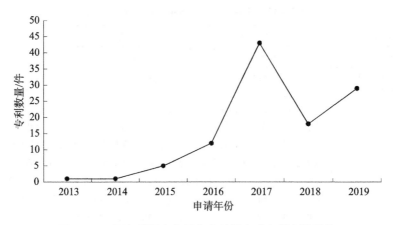

图 2 - 29　阿尔科尼克公司合金材料全球专利申请趋势

2.10.5.2　专利法律状态

图 2 - 30 展示的是阿尔科尼克公司合金材料全球专利法律状态分布。其中，PCT 指定期满专利 62 件，占比 54.9%；法律状态未知的专利 23 件，占比 20.3%；失效专利 14 件，占比 12.4%；审中专利 8 件，占比 7.1%；有效专利 6 件，占比 5.3%。

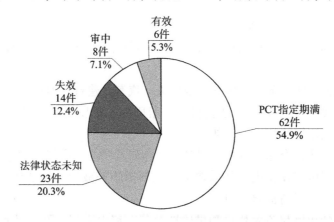

图 2 - 30　阿尔科尼克公司合金材料全球专利法律状态分布

2.10.5.3　专利类型

阿尔科尼克公司的 113 件合金材料全球专利均为发明专利。

2.10.5.4　专利技术来源国家或地区排名

阿尔科尼克公司的 113 件合金材料全球专利技术来源国是美国。

2.10.5.5　专利目标市场排名

图 2 - 31 展示的是阿尔科尼克公司合金材料全球专利目标市场排名情况。可以看

出，世界知识产权组织是阿尔科尼克公司的合金材料专利主要布局所在。

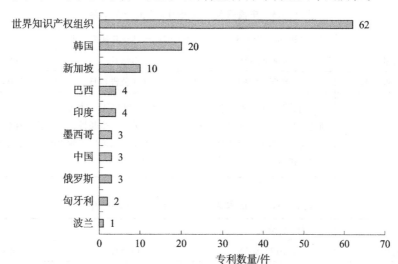

图 2 - 31　阿尔科尼克公司合金材料全球专利目标市场排名

2. 10. 5. 6　专利技术构成分析

图 2 - 32 展示的阿尔科尼克公司合金材料全球专利技术构成情况。可以看出，绝大多数专利属于 C22C21（铝基合金）、B22F3（由金属粉末制造工件或制品，其特点为用压实或烧结的方法；所用的专用设备）大组技术领域，分别有 46 件和 35 件。

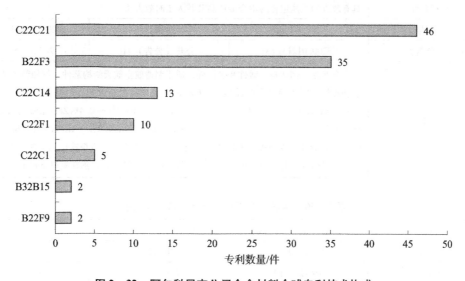

图 2 - 32　阿尔科尼克公司合金材料全球专利技术构成

2. 10. 5. 7　高被引专利

对阿尔科尼克公司合金材料全球专利按被引证次数从高到低检索，列出排名前十位的高被引专利详细信息，见表 2-43～表 2-52。

表 2-43 申请号为 US09591904 的专利信息

专利名称	具有改进的抗疲劳裂纹生长性能的铝板产品及其制造方法		
申请号	US09591904	申请日	2000/6/12
公开（公告）号	US6562154B1	公开（公告）日	2003/5/13
摘要	本发明公开了具有高度各向异性晶粒微结构和高度织构化结晶微结构的铝板产品。所述产品显示出改进的强度和改进的抗疲劳裂纹生长性，以及其他有利的性能，例如改进的强度和断裂韧性的组合。所述板材产品可用于航空航天和其他应用，特别是飞机机身		

表 2-44 申请号为 US12328622 的专利信息

专利名称	铝-铜-锂合金		
申请号	US12328622	申请日	2008/12/4
公开（公告）号	US20090142222A1	公开（公告）日	2009/6/4
摘要	公开了改进的铝-铜-锂合金。所述合金可以包括 3.4%～4.2%（质量百分比，后同）Cu, 0.9%～1.4% Li, 0.3%～0.7% Ag, 0.1%～0.6% Mg, 0.2%～0.8% Zn, 0.1%～0.6% Mn 和至少一种 0.01%～0.6% 的晶粒结构控制元素，余量为铝和附带元素及杂质。与现有技术合金相比，所述合金实现了性能的改进组合		

表 2-45 申请号为 US09971456 的专利信息

专利名称	具有改进的性能组合的铝合金产品及其人工时效方法		
申请号	US09971456	申请日	2001/10/4
公开（公告）号	US20020121319A1	公开（公告）日	2002/9/5
摘要	铝合金产品，例如板、锻件和挤压件，适于制造航空航天结构部件，例如整体翼梁、肋和腹板，所述铝合金产品包括：6%～10%（重量百分比，后同）Zn; 1.2%～1.9% Mg; 1.2%～2.2% Cu, Mg≤（Cu+0.3）；和 0.05～0.4% Zr；余量为 Al、附带元素和杂质。优选地，合金含有：6.9%～8.5% Zn; 1.2%～1.7% Mg; 2%～3% Cu。该合金在厚规中提供了强度和断裂韧性的改进组合。当根据优选实施例的二阶段方法进行人工时效时，该合金还获得优良的 SCC 性能，包括在海岸条件下		

表 2-46 申请号为 US08979906 的专利信息

专利名称	用于高温合金的铝化物/MCrAlY 涂层体系		
申请号	US08979906	申请日	1997/8/14
公开（公告）号	US6129991A	公开（公告）日	2000/10/10
摘要	通过在 CVD 条件下对 MCrAlY 型覆盖涂层进行 CVD 渗铝，显著提高了铝化物扩散覆盖的涂层体系的耐高温氧化性，所述 CVD 条件导致涂层的镀铝 MCrAlY 涂层中的杂质（如 S 和 P）的浓度降低。CVD 镀铝条件在下面的 MCrAlY 型涂层上产生向外生长的铝化物上涂层		

表 2 - 47　申请号为 US10678290 的专利信息

专利名称	具有辅助添加锂的铝 - 铜 - 镁合金		
申请号	US10678290	申请日	2003/10/3
公开（公告）号	US20040071586A1	公开（公告）日	2004/4/15
摘要	一种具有辅助添加锂的铝 - 铜 - 镁合金。合金组合物包括：3% ~ 5%（重量百分比，后同）的 Cu，0.5% ~ 2% 的 Mg 和 0.01% ~ 0.9% 的 Li。Cu 和 Mg 的总量保持低于铝合金的溶解度极限。所述合金具有改进的断裂韧性和强度的组合，并且还表现出良好的抗疲劳裂纹生长性		

表 2 - 48　申请号为 US10893003 的专利信息

专利名称	航空航天应用的具有增强损伤容限性能的 2000 系合金		
申请号	US10893003	申请日	2004/7/15
公开（公告）号	US20060011272A1	公开（公告）日	2006/1/19
摘要	本发明提供了一种具有增强损伤容限性能的 2000 系铝合金，该合金基本上由 3.0% ~ 4.0%（质量百分比，后同）的 Cu、0.4% ~ 1.1% 的 Mg、最高约 0.8% 的 Ag、最多约 1.0% 的 Zn；最高约 0.25% 的 Zr、最多约 0.9% 的 Mn、最多约 0.5% 的 Fe，和最多约 0.5% 的 Si 组成，其余基本上为铝、附带杂质和元素。所述铜和镁以 3.6 ~ 5 份铜对约 1 份镁的比例存在。所述合金适用于锻造或铸造产品，包括航空航天应用中的那些产品，尤其是板或板结构件、挤压件和锻件，并且提供了强度和耐损伤性的改进组合		

表 2 - 49　申请号为 US10025401 的专利信息

专利名称	具有铝夹层的多层可热处理钎焊片		
申请号	US10025401	申请日	2001/12/19
公开（公告）号	US20020142185A1	公开（公告）日	2002/10/3
摘要	一种四层复合材料，包括位于 4 × × × 系列钎焊覆层和芯合金之间的第一夹层和位于芯合金与第一夹层相反侧的第二夹层。所述第一和第二夹层中的至少一个具有比与其相邻的芯合金更高的 Si 量。较高 Si 含量的衬里优选含有重量百分比为 0.02% ~ 1.1% 的 Si		

表 2 - 50　申请号为 US09249736 的专利信息

专利名称	复合车身板及具有该车身板的车辆		
申请号	US09249736	申请日	1999/2/11
公开（公告）号	US6224992B1	公开（公告）日	2001/5/1
摘要	本发明是一种复合车身板，由其形成复合车身板的片材，以及在其上结合有至少一个这种复合车身板的车辆。复合车身板包括具有内表面和外表面的基板。层压材料至少施加到衬底的内表面上，并且在可选实施例中施加到衬底的外表面上。所述层压材料包括具有均匀表面的材料，所述均匀表面非常适合形成，但其强度不像所述衬底那么高。复合体车身板的形成还包括将涂层施加到层压材料上，然后将基材/层压材料/涂层材料形成所需形状的步骤		

表 2 – 51   申请号为 US15493026 的专利信息

专利名称	铝、钴和镍的 FCC 材料及其制品		
申请号	US15493026	申请日	2017/4/20
公开（公告）号	US10161021B2	公开（公告）日	2018/12/25
摘要	本发明涉及新的材料，包括 Al、Co、Ni。在低于固相线温度下，可实现新材料的面心立方（FCC）的固溶体结构的单相场。本实用新型材料可包括至少一种析出相，并具有至少 1000℃ 的固相线温度。本实用新型材料可包括 6.7%～11.4%（重量百分比，后同）Al、5.0%～48.0% Co、43.9%～88.3% Ni。在一个实施例中，沉淀物选自 L1$_2$ 相和 B2 相，以及它们的组合。所述新型合金可以实现改进的高温性能		

表 2 – 52   申请号为 US15493012 的专利信息

专利名称	铝、钴、铁和镍的 FCC 材料及其制品		
申请号	US15493012	申请日	2017/4/20
公开（公告）号	US10202673B2	公开（公告）日	2019/2/12
摘要	本公开涉及包含 Al、Co、Fe 和 Ni 的新材料。新材料可以实现紧临材料的固相线温度之下的面心立方（FCC）固溶体结构的单相场。所述新材料可以包括至少一种沉淀相并且具有至少 1000℃ 的固相线温度。所述新材料可以包括 4.4%～11.4%（重量百分比，后同）铝、4.9%～42.2% CO、4.6%～28.9% Fe、44.1%～86.1% Ni。在一个实施方案中，沉淀物选自 L1$_2$ 相、B$_2$ 相及其组合。所述新合金可实现改进的高温性能		

第3章

陶瓷材料领域专利分析

3.1 陶瓷材料领域概况

1. 陶瓷材料的发展概况及背景探究

航空用陶瓷材料是指用于航空领域的具有高温稳定性、高强度、良好的耐腐蚀性等特性的陶瓷材料。随着航空工业的不断发展,人们对于航空器的性能要求越来越高,这也促进了航空用陶瓷材料的发展。

航空用陶瓷材料的发展可以追溯到20世纪50年代,当时人们开始意识到传统金属材料在高温和腐蚀环境下的局限性。在20世纪60年代,航空用陶瓷材料的研究和开发进入了快速发展期,主要应用于火箭发动机喷口、燃烧室等部件。在20世纪70年代,随着技术的进一步发展,航空用陶瓷材料开始应用于航空发动机部件、传感器等领域。20世纪80年代,随着航空材料科学的快速发展,新型的陶瓷材料,如氧化锆、氮化硅、氧化铝等开始广泛应用于航空领域。20世纪90年代至今,航空用陶瓷材料的应用范围进一步扩大,例如用于制造航空发动机的涡轮叶片、复合材料热防护涂层等。

航空用陶瓷材料的发展背景是多方面的。一方面,航空工业对于材料性能的要求越来越高,传统金属材料已经不能满足需求;另一方面,陶瓷材料具有独特的性能,如高温稳定性、高硬度、高强度等,在航空工业中有广泛的应用前景。此外,由于航空工业是国防工业的重要组成部分,因此航空用陶瓷材料的研究也与国家安全相关。因此,航空用陶瓷材料的发展具有广泛的背景和重要的意义。

2. 陶瓷材料的技术发展历程

20世纪60年代:氧化铝陶瓷开始应用于喷气式发动机中的高温部件,如涡轮叶片和燃烧室衬板。由于氧化铝陶瓷的高温抗氧化性和耐热性,它可以承受高达2000℃的高温。

20世纪70年代:氮化硅陶瓷开始应用于涡轮发动机叶片上。氮化硅陶瓷具有更高的强度和更好的耐热性,可以承受更高的温度和压力。

20世纪80年代:碳化硅陶瓷开始应用于高超声速飞行器上。碳化硅陶瓷具有极高的硬度和抗磨损性能，可以承受高速飞行时的高温和高压。

20世纪90年代：氧化锆陶瓷开始应用于高速轴承和涡轮发动机中的高温部件。氧化锆陶瓷具有更高的强度和更好的耐热性，可以承受更高的温度和压力。

21世纪：新型陶瓷材料开始应用于航空工业中，如氮化铝陶瓷、氮化钛陶瓷和碳化钨陶瓷等。这些新型陶瓷材料具有更高的强度、更好的耐热性和更好的抗磨损性能，可以满足航空工业中更高的要求。

3. 航空用陶瓷材料产业发展现状

21世纪是科学技术主导发展的时代，随着科技的不断发展，新型材料，无论是性能还是使用寿命都有了很大程度上的提升。各种尖端材料的研究与生产都不断与世界其他国家拉近距离。[1] 航空用陶瓷材料产业在全球范围内呈现出快速发展的趋势，产业发展现状如下。

技术水平不断提升：航空用陶瓷材料的制备技术在不断创新，如高温固相反应、热等静压、粉末冶金等制备技术的应用，大大提升了材料的性能和稳定性。

应用领域不断拓展：随着制备技术的不断提高，航空用陶瓷材料在航空工业中的应用领域也在不断拓展，如在燃气轮机、航空发动机、航空电子设备、航空制动系统等领域中得到广泛应用。

产业规模逐步扩大：全球航空用陶瓷材料产业的规模逐年扩大，市场竞争也日益激烈。美国、日本、欧洲等地已形成较为完整的航空用陶瓷材料产业链，中国也在逐步发展航空用陶瓷材料产业。

合作与竞争并存：航空用陶瓷材料产业中，国际主要企业有通用电气公司、罗尔斯·罗伊斯公司、劳斯莱斯公司等，国内主要企业有上海宝信公司等。在国际市场上，这些企业既存在竞争，也存在合作。同时，这些企业也与科研院所、高校等展开合作，推动产业技术创新。

航空用陶瓷材料产业发展前景广阔，但也面临一些挑战，如制备成本高、材料强度和韧性有待提高等问题，需要各方在技术、资金、市场等方面加强支持和合作。

3.2 全球专利申请趋势

图3-1展示的是陶瓷材料全球专利申请量在2013—2022年的发展趋势。通过申请趋势可以从宏观层面把握这一阶段的专利申请热度变化。2013—2018年，陶瓷材料全球专利申请量呈缓慢上升趋势，2013年全球专利申请量为2505件，2018年全球专利申请量达3598件；2018—2022年，陶瓷材料全球专利申请量呈缓慢下降趋势，2022年全球专利申请量为2428件。

---

[1] 陈汉君，董莎，钱龙. 我国新材料产业发展研究 [J]. 科技展望，2017 (9)：289.

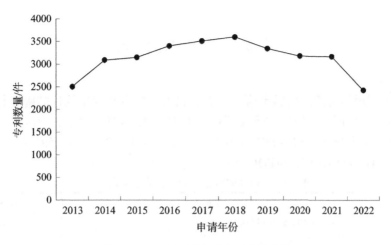

图 3 - 1　陶瓷材料全球专利申请趋势

3.3　全球专利主要来源国家或地区

图 3 - 2 展示了陶瓷材料全球专利在各个主要申请国家或地区的数量分布情况。中国（含台湾地区）、日本、美国是陶瓷材料全球专利申请重点国家，数量分别为 22099 件、2695 件、2584 件。紧跟其后的是德国 1085 件、韩国 848 件。企业可以跟踪、引进和消化相关领域技术，在此基础上实现技术突破。

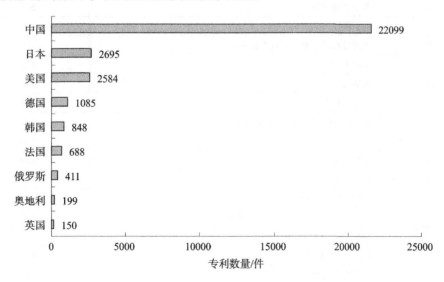

图 3 - 2　陶瓷材料全球专利在主要申请国家或地区的数量分布

3.4 全球专利申请人排名

表 3-1 展示的是按照所属申请人（专利权人）的专利数量统计的陶瓷材料全球专利主要申请人排名情况。NGK INSULATORS LTD.、桂林理工大学、中国科学院上海硅酸盐研究所是陶瓷材料全球专利重点申请人，数量分别为 2793 件、591 件、457 件。紧跟其后的是 CORNNING INCORPORATED 416 件、天津大学 319 件。

表 3-1 陶瓷材料全球专利主要申请人排名

排名	申请人	专利数量/件
1	NGK INSULATORS LTD.	2793
2	桂林理工大学	591
3	中国科学院上海硅酸盐研究所	457
4	CORNING INCORPORATED	416
5	天津大学	319
6	GENERAL ELECTRIC COMPANY	273
6	REFRACTORY INTELLECTUAL PROPERTY GMBH CO. KG	273
8	西北工业大学	261
9	广东工业大学	250
10	哈尔滨工业大学	242
11	陕西科技大学	229
12	武汉理工大学	217
13	西安交通大学	203
14	电子科技大学	192
15	航天特种材料及工艺技术研究所	185
16	中南大学	159
17	清华大学	127
18	武汉科技大学	125
18	ROLLS ROYCE CORPORATION	125
20	昆明理工大学	120
21	山东理工大学	119
22	济南大学	116
22	SAFRAN CERAM	116
24	REFRATECHNIK HOLDING GMBH	113
24	SAMSUNG ELECTRO MECHANICS CO., LTD.	113
26	KYOCERA CORP	112
27	华南理工大学	111
28	山东大学	109
29	华中科技大学	108
30	UNITED TECHNOLOGIES CORPORATION	30

3.5　国内专利类型分布

　　图 3－3 展示的是陶瓷材料国内专利类型分布。经过检索，获得陶瓷材料国内专利共 21936 件（不含台湾地区的 163 件）。其中，发明申请 21349 件，占总数的 97.3%；实用新型 567 件，占总数的 2.6%；发明授权 20 件，占总数的 0.1%。

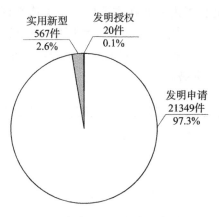

图 3－3　陶瓷材料国内专利类型分布

3.6　国内专利申请趋势

　　图 3－4 展示的是陶瓷材料国内专利申请量在 2013—2022 年的发展趋势。通过申请趋势可以从宏观层面把握在这一阶段的陶瓷材料国内专利申请热度变化。2013—2018 年，陶瓷材料国内专利申请量呈缓慢上升趋势，2013 年国内专利申请量为 1405 件，

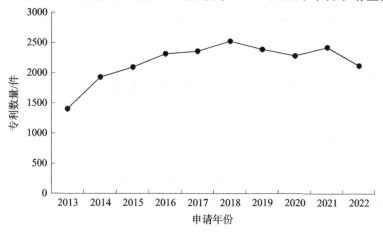

图 3－4　陶瓷材料国内专利申请趋势

2018 年国内专利申请量达 2523 件；2019 年和 2020 年，陶瓷材料国内专利申请量有所下降，2020 年国内专利申请量为 2284 件；2021 年，陶瓷材料国内专利申请量有所增长，为 2421 件；2022 年，陶瓷材料国内专利申请量又降至 2122 件。

3.7 国内专利申请人国家或地区分布

图 3-5 展示了陶瓷材料国内专利在主要申请国家或地区的数量分布情况。中国、日本、美国是陶瓷材料国内专利申请人主要来源国家，数量分别为 21056 件、297 件、257 件。紧跟其后的是德国 103 件、法国 71 件。企业可以跟踪、引进和消化相关领域技术，在此基础上实现技术突破。

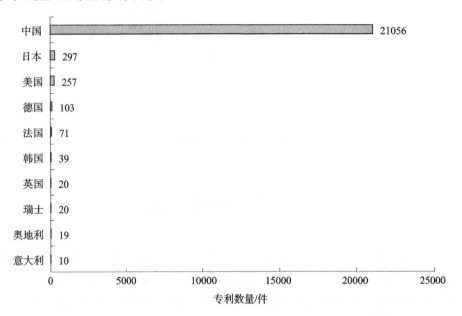

图 3-5　陶瓷材料国内专利在主要国家或地区的数量分布

3.8 国内专利申请人省份分布

图 3-6 展示了陶瓷材料国内专利在国内各个专利申请省份的数量分布情况。通过该图可以了解不同省份的陶瓷材料技术创新活跃情况，从而发现主要的技术创新来源地区。广东、江苏、山东是陶瓷材料国内专利申请重点省份，申请量分别为 3082 件、2648 件、1587 件。紧跟其后的是北京 1243 件、陕西 1202 件。

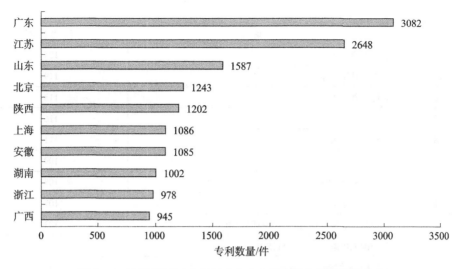

图 3－6　陶瓷材料国内专利在各个专利申请省份的数量分布

3.9　国内专利申请人排名

表 3－2 展示的是按照所属申请人（专利权人）的专利数量统计的陶瓷材料国内专利主要申请人排名情况。桂林理工大学、中国科学院上海硅酸盐研究所、天津大学是陶瓷材料领域国内专利重点申请人，申请量分别为 591 件、457 件、319 件。紧跟其后的是西北工业大学 261 件、广东工业大学 250 件。

表 3－2　陶瓷材料国内专利申请人排名

排名	申请人	专利数量/件
1	桂林理工大学	591
2	中国科学院上海硅酸盐研究所	457
3	天津大学	319
4	西北工业大学	261
5	广东工业大学	250
6	哈尔滨工业大学	242
7	陕西科技大学	229
8	武汉理工大学	217
9	西安交通大学	203
10	电子科技大学	192
11	航天特种材料及工艺技术研究所	185
12	中南大学	159
13	清华大学	127

排名	申请人	专利数量/件
14	武汉科技大学	125
15	山东理工大学	119
16	昆明理工大学	118
17	济南大学	116
18	华南理工大学	111
19	山东大学	109
20	华中科技大学	108
21	上海大学	107
22	山东工业陶瓷研究设计院有限公司	103
23	中国人民解放军国防科技大学	92
24	中国科学院金属研究所	90
25	蒙娜丽莎集团股份有限公司	89
26	广东东鹏控股股份有限公司	86
27	佛山市东鹏陶瓷有限公司	85
28	北京科技大学	81
28	桂林电子科技大学	81
30	东北大学	80

3.10 重点申请人分析

3.10.1 通用电气公司

通用电气公司（GENERAL ELECTRIC COMPANY）是一家跨国工业制造企业，总部位于美国马萨诸塞州波士顿市。公司成立于1892年，是世界上最大的多元化工业公司之一，业务涵盖电力、航空、石油天然气、医疗设备、金融服务和消费品等领域。

通用电气公司的主要产品和服务包括飞机发动机、涡轮机、飞机系统和设备、发电机、水处理系统、工业设备和系统、铁路设备、石油和天然气设备及服务、医疗设备和信息技术等。

通用电气公司在全球拥有数百个分支机构和制造工厂，并雇用数十万名员工。该公司在全球范围内拥有领先的技术和创新能力，并持续推动创新，开发新产品和服务，以应对不断变化的市场需求。

通用电气公司还致力于推动可持续发展，实现更加环保和可持续的生产和经营模式。该公司制定了一系列可持续发展目标，包括减少碳排放、提高资源利用效率和水资源管理水平、推广可再生能源和推进循环经济等。

3.10.1.1　专利申请趋势

图3-7展示的是通用电气公司陶瓷材料全球专利申请量在2013—2021年的发展趋势。通过申请趋势可以从宏观层面把握通用电气公司在这一阶段的专利申请热度变化。2013—2014年，通用电气公司陶瓷材料全球专利申请量呈快速增加趋势，2013年全球专利申请量为15件；2015年，通用电气公司陶瓷材料全球专利申请量有所下降，为11件；2016年，通用电气公司陶瓷材料全球专利申请量有所增加；2017—2019年，通用电气公司陶瓷材料全球专利申请量呈现快速下降趋势，2019年全球专利申请量降至1件；2020年和2021年，通用电气公司陶瓷材料全球专利申请量有所回升。

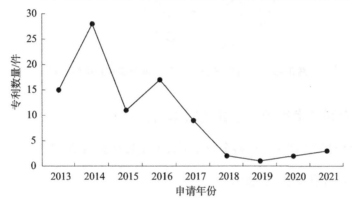

图3-7　通用电气公司陶瓷材料全球专利申请趋势

3.10.1.2　专利法律状态

图3-8展示的是通用电气公司陶瓷材料全球专利法律状态分布。其中，有效专利130件，占比47.6%；审中专利75件，占比27.5%；失效专利41件，占比15.0%；PCT有效期满专利27件，占比9.9%。

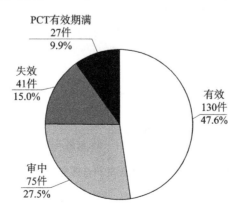

图3-8　通用电气公司陶瓷材料全球专利法律状态分布

3.10.1.3　专利类型

图 3 – 9 展示的是通用电气公司陶瓷材料全球专利类型分布。其中，发明申请 255 件，占比 93.4%；发明授权 18 件，占比 6.6%。

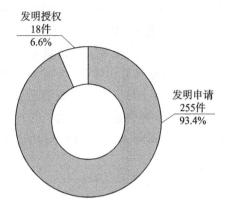

图 3 – 9　通用电气公司陶瓷材料全球专利类型分布

3.10.1.4　专利技术来源国家或地区排名

通用电气公司 273 件陶瓷材料全球专利技术主要来源国是美国。

3.10.1.5　专利目标市场排名

图 3 – 10 展示的是通用电气公司陶瓷材料全球专利目标市场排名情况。可以看出，美国、欧洲专利局、加拿大是通用电气公司的陶瓷材料专利主要布局所在。

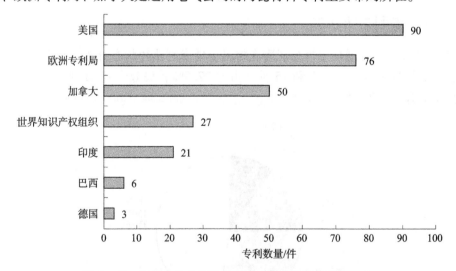

图 3 – 10　通用电气公司陶瓷材料全球专利目标市场排名

3.10.1.6 专利技术构成分析

图 3-11 展示的是通用电气公司陶瓷材料全球专利技术构成情况。可以看出，绝大多数专利属于 C04B35（以成分为特征的陶瓷成型制品；陶瓷组合物）、C04B41（砂浆、混凝土、人造石或陶瓷的后处理；天然石的处理）、F01D5（叶片；叶片的支承元件）大组技术领域。

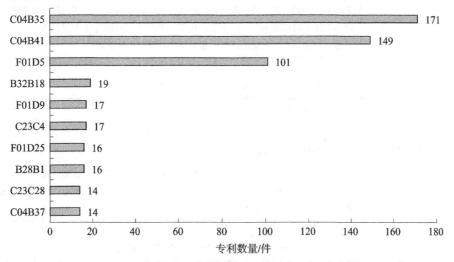

图 3-11 通用电气公司陶瓷材料全球专利技术构成

3.10.1.7 高被引专利

对通用电气公司陶瓷材料全球专利按被引证次数从高到低检索，列出排名前十位的高被引专利详细信息，见表 3-3～表 3-12。

表 3-3 申请号为 EP01303303 的专利信息

专利名称	用于含硅材料的隔热/环保涂层		
申请号	EP01303303	申请日	2001/4/6
公开（公告）号	EP1142850A1	公开（公告）日	2001/10/10
摘要	一种用于含硅材料（12）的涂层系统（14），所述含硅材料例如用于形成暴露于高温（包括气体涡轮发动机的恶劣环境）下的物品的那些材料。涂层系统（14）是一种组成分级的隔热/环保涂层（T/EBC）系统（14），其在需要厚保护涂层的高的应用温度下表现出改进的机械完整性。（T/EBC）系统（14）包括一个含有 YSZ 和 BSAS、莫来石和/或氧化铝的中间层（24），它优选与覆盖在所述含 Si 材料（12）表面上的含莫来石层（20）、含莫来石层（20）和中间层（23）之间的 BSAS 层（22）组合使用，以及覆盖在中间层（24）上的 YSZ 的隔热顶涂层（18）		

表 3-4 申请号为 US09681735 的专利信息

专利名称	使用成形载体生产熔渗陶瓷复合材料的方法		
申请号	US09681735	申请日	2001/5/30
公开（公告）号	US6503441B2	公开（公告）日	2003/1/7
摘要	一种用于生产陶瓷复合材料成形制品的方法，该方法为这些制品提供了大的尺寸公差。一种纤维预制件设置在稳定成形的支撑件的表面上，该支撑件的表面形成有多个凹陷，例如凹槽、狭槽或沟槽。将陶瓷基体材料的前体提供给纤维预制件以从纤维预制件的两侧渗透。在真空下，在不大于前体熔点的温度下进行渗透。所述熔体渗透复合制品在整个制造过程中基本上保持其尺寸和形状		

表 3-5 申请号为 US11313451 的专利信息

专利名称	结晶组合物、装置和相关方法		
申请号	US11313451	申请日	2005/12/20
公开（公告）号	US20070142204A1	公开（公告）日	2007/6/21
摘要	本发明提供了一种包含具有多个晶粒的多晶金属氮化物的组合物。这些晶粒具有一种或多种性质，例如平均晶粒尺寸、倾斜角、杂质含量、孔隙率、密度，以及金属氮化物中金属的原子分数		

表 3-6 申请号为 US10761076 的专利信息

专利名称	通过嵌段共聚物辅助组装用于高温结构应用的共价陶瓷的纳米级有序复合材料及其制备方法		
申请号	US10761076	申请日	2004/1/16
公开（公告）号	US20050159293A1	公开（公告）日	2005/7/21
摘要	一种通过嵌段共聚物辅助组装制备共价陶瓷纳米级有序复合材料的方法。将至少一种聚合物前体与嵌段共聚物混合，并且混合物的自组装通过退火工艺进行。在退火步骤期间，聚合物前体交联以形成足够坚固的结构，以经受嵌段共聚物的有序—无序转变温度和热解过程，得到高温陶瓷材料的有序纳米复合材料。所述方法产生多种结构和形态。本发明还公开了一种陶瓷材料，该陶瓷材料具有至少一种陶瓷相，该陶瓷相在纳米级上具有有序结构并且热稳定至至少约800℃的温度。所述陶瓷材料适用于热气路组件，如涡轮机组件、锅炉、燃烧器等		

表 3-7 申请号为 US08968959 的专利信息

专利名称	高密度烧结氮化硼颗粒		
申请号	US08968959	申请日	1997/11/12
公开（公告）号	US5898009A	公开（公告）日	1999/4/27
摘要	一种从高纯度六方氮化硼形成高密度氮化硼粒料或附聚物的方法，通过将高纯度六方氮化硼粉碎成在至少 $100\mu m$ 的尺寸范围内延伸的氮化硼颗粒，其中大部分颗粒具有 $50\mu m$ 以上的粒径，将粉碎的颗粒冷压成压实形式。然后将压实的形式造粒成粒状粉末，并再次冷压以形成氮化硼颗粒的粒料或附聚物，其中冷压和造粒的操作在一个或多个阶段中进行		

表 3 - 8　申请号为 US07412237 的专利信息

专利名称	预烧、热等静压、烧结制备高均匀性多晶陶瓷及由此得到的陶瓷		
申请号	US07412237	申请日	1989/9/25
公开（公告）号	US5013696A	公开（公告）日	1991/5/7
摘要	具有均匀透明光学特性的多晶陶瓷体是通过提供生压坯、在 1350～1650℃ 的温度范围内预烧结该生压坯而制备，直到达到封闭孔隙率阶段，热等静压预烧结压坯以使布置在晶界处的基本上所有孔隙塌陷，并在 1700～1950℃ 范围内的温度下使热等静压的压块重烧结以引起晶粒生长，当生长中的晶粒的晶界穿过所消耗的较小晶粒中的孔隙位置时发生塌陷		

表 3 - 9　申请号为 US13685038 的专利信息

专利名称	陶瓷基复合材料的制造方法和由此形成的陶瓷基复合材料		
申请号	US13685038	申请日	2012/11/26
公开（公告）号	US20130167374A1	公开（公告）日	2013/7/4
摘要	一种含硅 CMC 制品的制造方法。该方法包括在碳化硅（SiC）纤维上沉积一个或多个涂层，通过浆料拉伸涂覆的 SiC 纤维以产生浆料涂覆的纤维材料，然后处理浆料涂覆的 SiC 纤维材料以形成单向预浸带。将胶带堆叠，然后烧成多孔预制件。然后通过渗入其中的孔隙率进一步致密多孔预制件以得到 CMC 制品。渗透可通过一系列聚合物渗透和热解（PIP）步骤、用碳或一种或多种难熔金属填充预制件中的孔隙率之后的熔融渗透（MI）、化学气相渗透（CVI）或这些渗透技术的组合来实现		

表 3 - 10　申请号为 EP00108256 的专利信息

专利名称	具有环境/热障层的硅基衬底		
申请号	EP00108256	申请日	2000/4/14
公开（公告）号	EP1044943A1	公开（公告）日	2000/10/18
摘要	一种热障层用于含硅衬底，其在暴露于高温的含水环境时抑制硅的气态物质的形成，包括钡锶铝硅酸盐		

表 3 - 11　申请号为 US13015897 的专利信息

专利名称	三维粉末成形		
申请号	US13015897	申请日	2011/1/28
公开（公告）号	US20120193841A1	公开（公告）日	2012/8/2
摘要	描述了一种制造复杂三维部件的系统和方法。该系统包括配置成提供具有复杂三维结构的负压印的一次性模具的快速成形机、混合器、注射模塑机和炉系统。将包含粉末和黏合剂的浆料引入一次性模具中，固化黏合剂，移除一次性模具，并移除黏合剂，留下完整的固化结构。将固化结构烧结制成复杂的三维零件		

表 3 – 12　申请号为 JP2003543080 的专利信息

专利名称	氮化镓烧结多晶金刚石及其制造方法		
申请号	JP2003543080	申请日	2002/10/30
公开（公告）号	JP2005508822A	公开（公告）日	2005/4/7
摘要	多晶氮化镓（GaN）的特征在于，具有镓的原子分数的范围从约49%至55%，表观密度约6.1g/cm³，维氏硬度高于大约1GPa，多晶GaN可采用热等静压（HIP），在温度为150～300℃、压力范围为1～10kbar的方式制备。或者，多晶GaN可通过高压/高温（HP/HT）烧结，温度范围为1200～1800℃、压力为5～80kbar[①]		

① 1bar = 10^5Pa。

3.10.2　日本碍子株式会社

日本碍子株式会社（NGK INSULATORS LTD.）是一家全球领先的电气绝缘材料和制品制造商，成立于 1919 年，总部位于日本长野县。该公司的业务范围涵盖高性能陶瓷、电子材料、电力设备和环保技术等领域。

日本碍子株式会社的产品包括电子陶瓷、瓷制品、汽车部件、太阳能电池、半导体和热电偶等。这些产品广泛应用于电力、电子、通信、石油、化工、医疗、交通、航空航天等领域。

作为全球领先的电气绝缘材料和制品制造商之一，日本碍子株式会社在全球范围内拥有多个制造工厂和研发中心，并与全球各大企业合作，共同推动技术创新和发展。

日本碍子株式会社一直致力于可持续发展，并制定了一系列的可持续发展计划，包括推广环保技术和清洁能源、减少环境污染、提高资源利用率和生产效率等。

3.10.2.1　专利申请趋势

图 3 – 12 展示的是日本碍子株式会社陶瓷材料全球专利申请量在 2013—2022 年的

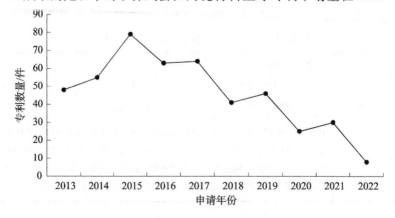

图 3 – 12　日本碍子株式会社陶瓷材料全球专利申请趋势

发展趋势。通过申请趋势可以从宏观层面把握日本碍子株式会社在这一阶段的陶瓷材料专利申请热度变化。2013—2015 年，日本碍子株式会社陶瓷材料全球专利申请量呈快速增加趋势，2015 年全球专利申请量为 79 件；2015—2022 年，日本碍子株式会社陶瓷材料全球专利申请量呈波动下降趋势，2022 年全球专利申请量为 8 件。

3.10.2.2　专利法律状态

图 3-13 展示的是日本碍子株式会社陶瓷材料全球专利法律状态分布。其中，失效专利 1928 件，占比 69.1%；有效专利 570 件，占比 20.4%；PCT 指定期满专利 151 件，占比 5.4%；审中专利 87 件，占比 3.1%；法律状态未知的专利 57 件，占比 2.0%。

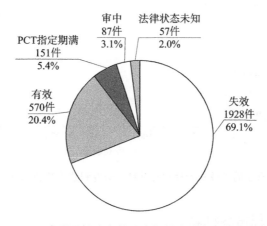

图 3-13　日本碍子株式会社陶瓷材料全球专利法律状态分布

3.10.2.3　专利类型

图 3-14 展示的是日本碍子株式会社陶瓷材料全球专利类型分布。其中，发明专利 2786 件，占比 99.7%；实用新型专利 7 件，占比 0.3%。

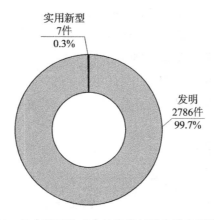

图 3-14　日本碍子株式会社陶瓷材料全球专利类型分布

3.10.2.4 专利技术来源国家或地区排名

图3-15展示的是日本碍子株式会社陶瓷材料全球专利技术来源国家或地区排名。可以看出，日本碍子株式会社陶瓷材料全球专利技术主要来源国是日本。

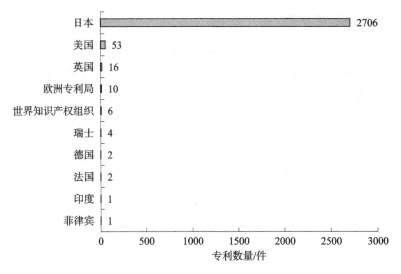

图3-15 日本碍子株式会社陶瓷材料全球专利技术来源国家或地区排名

3.10.2.5 专利目标市场排名

图3-16展示的是日本碍子株式会社陶瓷材料全球专利目标市场排名情况。可以看出，日本、美国、欧洲专利局、德国、世界知识产权组织是日本碍子株式会社陶瓷材料专利的主要布局所在。

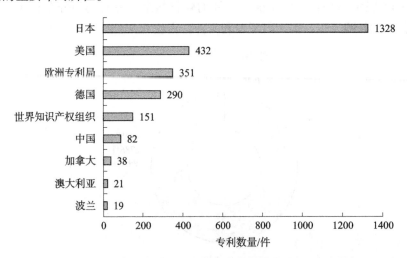

图3-16 日本碍子株式会社陶瓷材料全球专利目标市场排名

3.10.2.6　专利技术构成分析

图 3－17 展示的是日本碍子株式会社陶瓷材料全球专利技术构成情况。可以看出，绝大多数专利属于 C04B35（以成分为特征的陶瓷成型制品；陶瓷组合物）、C04B41（砂浆、混凝土、人造石或陶瓷的后处理；天然石的处理）大组技术领域。

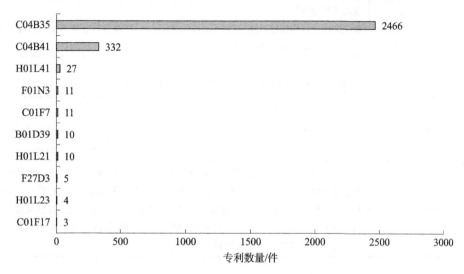

图 3－17　日本碍子株式会社陶瓷材料全球专利技术构成

3.10.2.7　高被引专利

对日本碍子株式会社陶瓷材料全球专利按被引证次数从高到低检索，列出排名前十位的高被引专利详细信息，见表 3－13～表 3－22。

表 3－13　申请号为 JP2010194666 的专利信息

专利名称	陶瓷材料及其制造方法		
申请号	JP2010194666	申请日	2010/8/31
公开（公告）号	JP2011073962A	公开（公告）日	2011/4/14
摘要	要解决的问题：提供一种能够在一定程度上表现出紧凑性和锂离子导电性的陶瓷材料，所述陶瓷材料作为一种固态电解质材料用于锂二次电池。 解决方案：使用含有 Li、La、Zr、Nb 和/或 Ta，以及 O 和具有石榴石型或石榴石状晶结构的陶瓷材料		

表 3－14　申请号为 US12873393 的专利信息

专利名称	陶瓷材料及其制备方法		
申请号	US12873393	申请日	2010/9/1
公开（公告）号	US20110053002A1	公开（公告）日	2011/3/3
摘要	本发明提供一种陶瓷材料，该陶瓷材料能够显示致密性和 Li 离子导电性，使得能够将该陶瓷材料用作锂二次电池等的固态电解质材料。使用含有 Li、La、Zr、Nb 和/或 Ta 以及 O 并具有石榴石型或类石榴石晶体结构的陶瓷材料		

表3-15 申请号为 JP2010194671 的专利信息

专利名称	陶瓷材料和其用途		
申请号	JP2010194671	申请日	2010/8/31
公开（公告）号	JP2011073963A	公开（公告）日	2011/4/14
摘要	要解决的问题：提供一种陶瓷材料，所述陶瓷材料是具有较高的密度和令人满意的锂离子传导粒料。 解决方案：该陶瓷材料包括 Li、La、Zr、Al 和 O，以及具有石榴石型或石榴石状晶结构，Li 相对于 La 的摩尔数之比为 $2.0 \sim 2.5$		

表3-16 申请号为 US09579970 的专利信息

专利名称	氮化硅烧结体及其制造方法		
申请号	US09579970	申请日	2000/5/26
公开（公告）号	US6391812B1	公开（公告）日	2002/5/21
摘要	制备氮化硅烧结体的方法包括以下步骤：形成包括氮化硅粉末、Mg 组分和烧结助剂的模塑材料的压块；以及在氮气氛下，在 $1800 \sim 2000℃$ 温度下烧结模塑材料。所述材料至少包括 $0.3\% \sim 10\%$（重量百分比）的 Mg 氧化物。在温度升高到烧结温度之前，在 $1400 \sim 1700℃$ 的温度范围内保持恒温至少 0.5h。因此，可以提供一种在高温下具有高导热率和优异电绝缘性能的氮化硅体		

表3-17 申请号为 US09140403 的专利信息

专利名称	一种薄壁堇青石蜂窝结构的生产方法		
申请号	US09140403	申请日	1998/8/26
公开（公告）号	US5938992A	公开（公告）日	1999/8/17
摘要	本发明提供一种蜂窝结构体的制造方法。一种以堇青石为晶相主要成分的薄壁堇青石蜂窝结构体的制造方法，包括：在堇青石材料中加入成形助剂，得到混合物；捏合该混合物，得到材料批次；挤压成形该材料批次，形成蜂窝压块；干燥该蜂窝压块，得到干燥体；焙烧该干燥体。堇青石原料配料含有 65%（重量百分比）以上的平板状堇青石原料，包括滑石、高岭土和氢氧化铝制成的结晶水，堇青石原料的 BET 比表面积为滑石 $7 \sim 18m^2/g$、高岭土 $14 \sim 22m^2/g$、氢氧化铝 $6 \sim 18m^2/g$。本发明可以实现更薄的壁和更高的孔密度，并且可以改善挤出时的成形性（特别是润滑性和形状稳定性）、机械强度（静水压断裂强度）和催化剂承载特性		

表3-18 申请号为 US10312140 的专利信息

专利名称	一种蜂窝陶瓷结构及其制备方法		
申请号	US10312140	申请日	2002/12/23
公开（公告）号	US20030166450A1	公开（公告）日	2003/9/4
摘要	一种陶瓷结构体，其化学组成为：SiO_2 $42\% \sim 56\%$（重量百分比，后同），Al_2O_3 $30\% \sim 45\%$，MgO $12\% \sim 16\%$，晶相主要由堇青石组成，孔隙率为 $55\% \sim 65\%$，平均孔径为 $15 \sim 30\mu m$；在构成蜂窝陶瓷结构体的分隔壁表面上露出的孔的总面积为分隔壁表面总面积的 35% 以上。在堇青石形成原料中添加 $15\% \sim 25\%$ 的石墨和 $5\% \sim 15\%$ 的合成树脂作为成孔剂；将所得产物捏合成形为蜂窝状；将所得产物干燥、焙烧，制得上述蜂窝陶瓷结构体。根据本发明的蜂窝陶瓷结构体，可以获得低的压力损失和高的收集效率		

表 3 – 19　申请号为 CN201010277435.2 的专利信息

专利名称	陶瓷材料及其制造方法		
申请号	CN201010277435.2	申请日	2010/9/3
公开（公告）号	CN102010183A	公开（公告）日	2011/4/13
摘要	本发明提供能够作为锂二次电池的固体电解质材料等使用的有一定的致密度或 Li 离子电导率的陶瓷材料。所述陶瓷材料为含有 Li、La、Zr、Nb 及/或 Ta 以及 O、具有石榴石型或类石榴石型的结晶结构		

表 3 – 20　申请号为 EP01919898 的专利信息

专利名称	蜂窝结构及其制造方法		
申请号	EP01919898	申请日	2001/4/12
公开（公告）号	EP1277714A1	公开（公告）日	2003/1/22
摘要	一种蜂窝结构，具有大量沿轴向的通道，并由分隔壁限定。一种蜂窝结构，包含作为聚集体的耐火颗粒和金属硅，并且是多孔的。该蜂窝结构可以适当地使用在高 SV 下条件，作为过滤器，通过处理诸如堵塞或催化剂负载用于净化汽车尾气		

表 3 – 21　申请号为 JP2004164415 的专利信息

专利名称	内置电极烧结体的制造方法		
申请号	JP2004164415	申请日	2004/6/2
公开（公告）号	JP2005343733A	公开（公告）日	2005/12/15
摘要	要解决的问题：提供一种方法，用于制造一种具有内置电极的烧结体的方法，通过该方法进一步提高金属构件的平面度，以应对近年来的高精度要求。 解决方案：内置电极烧结体（静电吸盘 10）的制造方法包括形成氧化铝烧结体 31 或氧化铝煅烧体的工序、在氧化铝烧结体或铝煅烧体上印刷基本上由高熔点金属构成的电极膏的工序，以及在氧化铝烧结体 31 或铝煅烧体上印刷主要由高熔点的金属构成的金属膏的工序，将氧化铝粉末 11 填充在电极浆料上并用金属模具形成的工艺以及用金属模具烧制在形成工艺中集成的成形体的工艺		

表 3 – 22　申请号为 JP2004339252 的专利信息

专利名称	静电卡盘		
申请号	JP2004339252	申请日	2004/11/24
公开（公告）号	JP4744855B2	公开（公告）日	2011/8/10
摘要	要解决的问题：提供一种静电卡盘，其在宽的温度范围内表现出高的吸引力和优异的分离响应，其中基板电流泄漏减少。 解决方案：静电卡盘具有陶瓷介电层和在陶瓷介电层的一个表面上形成的平面形电极，所述陶瓷介电层由氧化铝烧结而成，所述氧化铝在室温下的体积电阻率值为 $1 \times 10^{17} \Omega \cdot cm$ 或更大，在 300℃ 下的体积电阻率为 $1 \times 10^{14} \Omega \cdot cm$ 或更大		

3.10.3 康宁公司

康宁公司（CORNING INCORPORATED）是一家美国跨国公司，成立于 1851 年，总部位于纽约州的康宁市。该公司是世界领先的科技公司之一，专注于材料科学和先进制造技术领域的研究和开发。

康宁公司的产品和服务涉及多个行业，包括通信、显示技术、生命科学、环境技术和特种材料等。该公司的核心产品包括光纤、光学和陶瓷产品，这些产品广泛应用于通信、汽车、航空航天、医疗保健、能源和工业等领域。

康宁公司一直致力于推动技术创新和可持续发展，并且制定了多项可持续发展计划。例如，康宁公司的"环保产品"计划旨在通过创新产品和生产流程，减少对环境的影响和资源的浪费。同时，康宁公司还积极推进社会责任和公益事业，包括教育、健康和社区发展等方面的投资和支持。

康宁公司在全球范围内拥有多个研发中心和制造工厂，致力于推动技术创新和发展，以满足全球客户的需求。

3.10.3.1 专利申请趋势

图 3 - 18 展示的是康宁公司陶瓷材料全球专利申请量在 2013—2022 年的发展趋势。通过申请趋势可以从宏观层面把握康宁公司在这一阶段的陶瓷材料专利申请热度变化。2013—2022 年，康宁公司陶瓷材料全球专利申请量呈现波动下降趋势，2013 年全球专利申请量为 35 件，2022 年全球专利申请量降至 5 件。

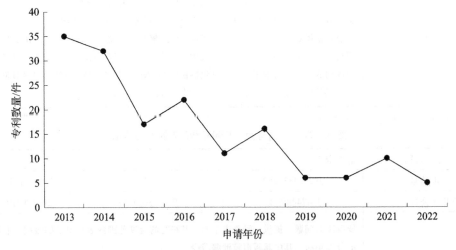

图 3 - 18　康宁公司陶瓷材料全球专利申请趋势

3.10.3.2 专利法律状态

图 3 - 19 展示的是康宁公司陶瓷材料全球专利法律状态分布。其中，PCT 指定期

满专利 202 件,占比 48.6%;失效专利 91 件,占比 21.9%;法律状态未知的专利 60 件,占比 14.4%;有效专利 53 件,占比 12.7%;PCT 指定期内专利 6 件,占比 1.4%;审中专利 4 件,占比 1.0%。

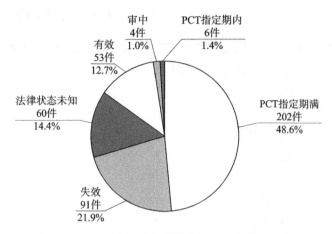

图 3 - 19 康宁公司陶瓷材料全球专利法律状态分布

3.10.3.3 专利类型

康宁公司的 416 件陶瓷材料全球专利均为发明专利。

3.10.3.4 专利技术来源国家或地区排名

图 3 - 20 展示的是康宁公司陶瓷材料全球专利技术来源国家或地区排名。可以看出,康宁公司的陶瓷材料专利技术主要来源国是美国。

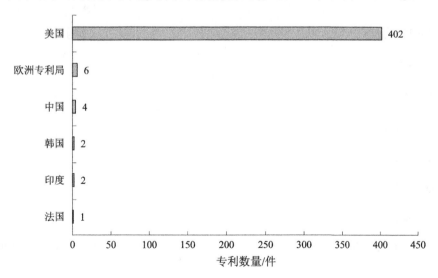

图 3 - 20 康宁公司陶瓷材料全球专利技术来源国家或地区排名

3.10.3.5 专利目标市场排名

图 3-21 展示的是康宁公司陶瓷材料全球专利目标市场排名情况。可以看出，世界知识产权组织、中国、印度、波兰、韩国是康宁公司陶瓷材料专利的主要布局所在。

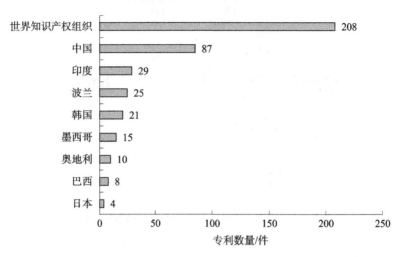

图 3-21 康宁公司陶瓷材料领域专利目标市场排名

3.10.3.6 专利技术构成分析

图 3-22 展示的是康宁公司陶瓷材料全球专利技术构成情况。可以看出，绝大多数专利属于 C04B35（以成分为特征的陶瓷成型制品；陶瓷组合物）、C04B41（砂浆、混凝土、人造石或陶瓷的后处理；天然石的处理）大组技术领域。

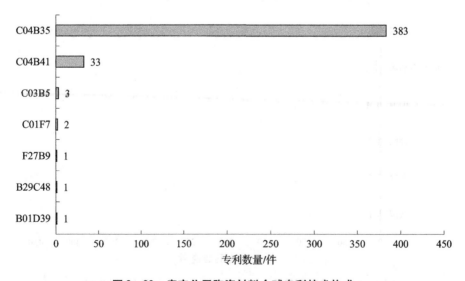

图 3-22 康宁公司陶瓷材料全球专利技术构成

3.10.3.7　高被引专利

对康宁公司陶瓷材料全球专利按被引证次数从高到低检索，列出排名前十位的高被引专利详细信息，见表 3-23～表 3-32。

表 3-23　申请号为 WOUS03014108 的专利信息

专利名称	电光陶瓷材料和器件		
申请号	WOUS03014108	申请日	2003/5/7
公开（公告）号	WO03099740A1	公开（公告）日	2003/12/4
摘要	本发明提供了一种电光陶瓷材料，所述电光陶瓷材料含有铅、锌和铌，其在波长 1550nm、20℃下传播损耗约低于 3dB/cm，二次电光系数约大于 $1 \times 10^{-16} m^2/V^2$。本发明还提供了包括电光陶瓷材料的电光装置，该电光陶瓷材料包括铅、锌和铌，其在波长 1550nm、20℃下传播损耗约低于 3dB/cm，二次电光系数约大于 $1 \times 10^{-16} m^2/V^2$。本发明的材料和器件可用于光通信应用中，例如强度和相位调制、切换以及偏振控制		

表 3-24　申请号为 US09867321 的专利信息

专利名称	堇青石体		
申请号	US09867321	申请日	2001/5/29
公开（公告）号	US20020004445A1	公开（公告）日	2002/1/10
摘要	一种陶瓷，主要包含接近化学计量的 $Mg_2Al_4Si_5O_{18}$ 的堇青石型相，其热膨胀系数（25～800℃）大于 $4 \times 10^{-7}/℃$ 且小于 $13 \times 10^{-7}/℃$，并且具有满足关系式 2.108（渗透率）+18.511（总孔体积）+0.1863 的渗透率和孔径分布。（由 4～40μm 的孔隙组成的总孔隙体积的百分比）>24.6。该陶瓷适用于蜂窝式壁流柴油过滤器的制造，其具有以 kPa 为单位的压降，在 5g/L 的人工碳黑负载和 26 个 scfm 的流速下，所述压降小于 8.9-0.035（每平方英寸的单元数量）+300（以英寸为单位的单元壁厚），体积过滤器密度至少为 $0.60g/cm^3$，体积热容至少为 $0.67Jcm^{-3}K^{-1}$，在 500℃下测量		

表 3-25　申请号为 US10354326 的专利信息

专利名称	堇青石陶瓷体及其制造方法		
申请号	US10354326	申请日	2003/1/30
公开（公告）号	US6864198B2	公开（公告）日	2005/3/8
摘要	一种堇青石陶瓷体，其具有（i）满足关系式 $10.2474/[(d_{50})^2(孔隙分数)]+0.0366183(d_{90})-0.00040119(d_{90})^2+0.468815(1/孔隙分数)^2+0.0297715(d_{50})+1.61639(d_{50}-d_{10})/d_{50} \leqslant 3.65$ 的孔径分布和孔隙率，和（ii）CTE（25～800℃）$\leqslant 15 \times 10^{-7}/℃$，其中堇青石陶瓷体由包含堇青石形成原料和 BET. 的可模塑混合物制备，所述堇青石形成原料包括（a）通过激光衍射测量的中值粒径小于 10μm 的细滑石，比表面积大于 $5m^2/g$，和（b）成孔剂。堇青石陶瓷体适用于制造具有低压降、高过滤效率和改进强度的多孔壁流柴油颗粒过滤器		

表 3 - 26　申请号为 US10606708 的专利信息

专利名称	用于 DPF 应用的硅酸镁铝结构		
申请号	US10606708	申请日	2003/6/26
公开（公告）号	US20040029707A1	公开（公告）日	2004/2/12
摘要	一种用于捕集和燃烧柴油废气颗粒的陶瓷过滤器，其由端塞堇青石蜂窝结构组成，所述端塞堇青石蜂窝结构表现出由水银孔隙度法测定的孔径分布，其中与孔径分布相关的量 $d_{50}/(d_{50}+d_{90})$ 小于 0.70，由公式 $[d_{50}/(d_{50}+d_{90})]/[\%$ 孔隙度/100$]$ 定义的炭黑负载渗透系数 SF 小于 1.55，并且热膨胀系数（25 ~ 800℃）不大于 $17 \times 10^{-7}/℃$。本发明还提供了一种制造过滤器的方法		

表 3 - 27　申请号为 WOUS03022008 的专利信息

专利名称	钛酸铝基的陶瓷制品		
申请号	WOUS03022008	申请日	2003/7/10
公开（公告）号	WO2004011386A1	公开（公告）日	2004/2/5
摘要	基于钛酸铝陶瓷制品，其具有一种组合物，包括 $u(Al_2O_3 - TiO_2) + v(R) + w(3Al_2O_3 \text{-} 2SiO_2) + x(Al_2O_3) + y(SiO_2) + z(1.1SrO\text{-}1.5Al_2O_3 - 13.6SiO_2 - TiO_2) + a(Fe_2O_3\text{-}TiO_2) + b(MgO - 2TiO_2)$，其中，R 为 $SrO - Al_2O_2 - 2SiO_2$ 或 $11.2SrO - 10.9Al_2O_3 - 24.1SiO_2TiO_2$，其中 $u、v、w、x、y、z、a$ 和 b 为各组分的重量分数，使得 $(u+v+w+x+y+z+a+b=1)$，和 $0.5 < u \leqslant 0.95$，$0.01 < v \leqslant 0.5$，$0.01 < w \leqslant 0.5$，$0 < x \leqslant 0.5$，$0 < y \leqslant 0.1$，$0 < z \leqslant 0.5$，$0 < a \leqslant 0.3$，和 $0 < b \leqslant 0.3$。本发明还提供了一种提供形成该陶瓷制品的方法，该陶瓷制品可用于汽车排放控制系统，如柴油机废气过滤		

表 3 - 28　申请号为 US10449701 的专利信息

专利名称	用于通过熔融工艺制造平板玻璃的异形管的下垂控制		
申请号	US10449701	申请日	2003/5/29
公开（公告）号	US6974786B2	公开（公告）日	2005/12/13
摘要	本发明提供了用于通过熔融工艺制造平板玻璃的异形管，该异形管显示出减小的下垂。所述等静压管由在 1180℃ 和 250psi 下具有平均蠕变速率（MCR）的锆英石耐火材料组成，所述平均蠕变速率具有 95% 置信带（CB），使得 CB 与 MCR 之比小于 0.5，MCR 和 CB 都使用幂律模型确定。所述锆英石耐火材料可以含有浓度大于 0.2%（重量百分比，后同）和小于 0.4% 的 TiO_2。在此范围内的 TiO_2 浓度使锆英石耐火材料表现出比以前用于制造异形管的锆英石耐火材料低的平均蠕变速率。另外，平均蠕变速率的变化也被减少，这减少了特定等渗层的锆英石耐火材料具有异常高的蠕变速率并因此过早地表现出不可接受的下垂的可能性		

表 3 – 29　申请号为 US09305763 的专利信息

专利名称	包括制备方法的负热膨胀材料及其用途		
申请号	US09305763	申请日	1999/5/5
公开（公告）号	US6187700B1	公开（公告）日	2001/2/13
摘要	本发明公开了负热膨胀材料、其制备方法及其用途。所述材料可用于负热膨胀衬底，例如用于光纤光栅的衬底		

表 3 – 30　申请号为 US09590106 的专利信息

专利名称	低膨胀系数、高孔隙率、高强度堇青石体及方法		
申请号	US09590106	申请日	2000/6/8
公开（公告）号	US6432856B1	公开（公告）日	2002/8/13
摘要	一种烧结陶瓷蜂窝制品，其表现出低于 5.0×10^{-7}/℃ 的平均热膨胀系数（25～800℃），总孔隙率在 20%～30% 的范围内，和孔径分布，使得至少约 86% 的孔具有小于约 $2\mu m$ 的孔径，所述孔表现出以其长轴在幅材平面内取向的大致细长形状，所述制品由堇青石形成无机粉末批料制成，所述无机粉末批料包含中值粒径小于约 $2\mu m$ 的片状滑石，至少 4%（重量百分比）的比表面积大于 $50 m^2/g$ 的可分散 Al_2O_3 形成源，以及中值粒径小于 $5\mu m$ 的高岭土、煅烧高岭土、二氧化硅和刚玉中的一种或多种组分		

表 3 – 31　申请号为 US10738425 的专利信息

专利名称	用于玻璃制造系统的抗蠕变锆英石耐火材料		
申请号	US10738425	申请日	2003/12/16
公开（公告）号	US20050130830A1	公开（公告）日	2005/6/16
摘要	本发明描述了一种玻璃制造系统，其具有由具有改进的抗蠕变性能的锆英石耐火材料制成的成型装置（例如异形管）。一种锆英石耐火材料，其组成中至少含有以下元素：$ZrSiO_4$ 98.75%～99.68%（重量百分比，后同）；ZrO_2 0.01%～0.15%；TiO_2 0.23%～0.50%；Fe_2O_3 0.08%～0.60%		

表 3 – 32　申请号为 US14262066 的专利信息

专利名称	具有多层光学膜的低颜色耐刮擦制品		
申请号	US14262066	申请日	2014/4/25
公开（公告）号	US20140335330A1	公开（公告）日	2014/11/13
摘要	本公开的实施例涉及表现出耐刮擦性和改进的光学性质的制品。在一些实施例中，当在光源下以从法线 20° 到 60° 范围内的入射角观察时，制品显示出约为 2 或更小的反射或透射色移，并在距制品表面至少 100nm 的压痕深度处具有至少 14GPa 的硬度。在一个或多个实施例中，制品包括衬底和设置在衬底上的光学膜。所述光学膜包括抗划伤层和光干涉层。光干涉层可以包括表现出不同折射率的一个或多个子层。在一个示例中，光干涉层包括第一低折射率子层、第二高折射率子层和可选的第三子层		

3.10.4　联合技术公司

联合技术公司（UNITED TECHNOLOGIES CORPORATION）是一家跨国公司，总部位于美国康涅狄格州哈特福德市，成立于1934年。该公司是世界上最大的航空航天公司之一，同时也在建筑、电梯和工业系统等领域拥有重要业务。

联合技术公司的主要业务包括航空航天、大楼和工业系统，以及电梯和能源等方面。该公司的航空航天业务涵盖发动机、航空电子、通用航空和航空维修等方面，同时也拥有全球领先的直升机制造商之一——西科斯基飞行器公司。

联合技术公司的大楼和工业系统业务涉及安全系统，采暖、通风和空调系统，建筑自动化，楼宇控制和监控等方面。其电梯业务涉及电梯、自动扶梯和自动人行道等方面。

联合技术公司一直致力于技术创新和可持续发展，并制定了多项可持续发展计划。例如，该公司的"零废弃"计划旨在减少生产过程中的废弃物和碳排放，以及提高能源和资源效率。同时，该公司也积极推进社会责任和公益事业，包括教育、环境保护和社区发展等方面的投资和支持。

3.10.4.1　专利申请趋势

图3-23展示的是联合技术公司陶瓷材料全球专利申请量在2013—2014年的发展趋势。通过申请趋势可以从宏观层面把握联合技术公司在这一阶段的陶瓷材料专利申请热度变化。2013—2014年，联合技术公司陶瓷材料全球专利申请量呈增加趋势，全球专利从2013年的1件增加至2014年的11件。2015年之后，联合技术公司在陶瓷材料领域暂无相关专利申请。

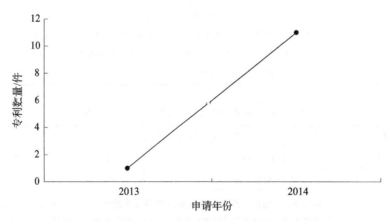

图3-23　联合技术公司陶瓷材料全球专利申请趋势

3.10.4.2　专利法律状态

图3-24展示的是联合技术公司陶瓷材料全球专利法律状态分布。其中，PCT指

定期满专利16件，占比53.4%；失效专利12件，占比40.0%；法律状态未知的专利1件，占比3.3%；有效专利1件，占比3.3%。

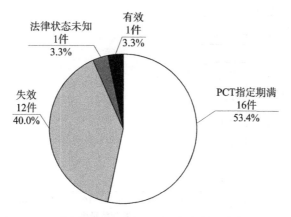

图3-24　联合技术公司陶瓷材料全球专利法律状态分布

3.10.4.3　专利类型

联合技术公司的30件陶瓷材料全球专利均为发明专利。

3.10.4.4　专利技术来源国家或地区排名

图3-25展示的是联合技术公司陶瓷材料全球专利技术来源国家或地区排名。可以看出，联合技术公司陶瓷材料全球专利技术主要来源国是美国。

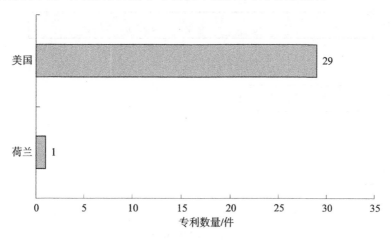

图3-25　联合技术公司陶瓷材料全球专利技术来源国家或地区排名

3.10.4.5　专利目标市场排名

图3-26展示的是联合技术公司陶瓷材料全球专利目标市场排名情况。可以看出，世界知识产权组织是联合技术公司陶瓷材料专利的主要布局所在。

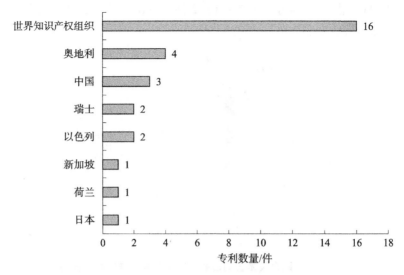

图 3 – 26 联合技术公司陶瓷材料领域专利目标市场排名

3.10.4.6 专利技术构成分析

图 3 – 27 展示的联合技术公司陶瓷材料全球专利技术构成情况。可以看出，绝大多数专利属于 C04B35 （以成分为特征的陶瓷成型制品；陶瓷组合物）、C04B41 （砂浆、混凝土、人造石或陶瓷的后处理；天然石的处理） 大组技术领域。

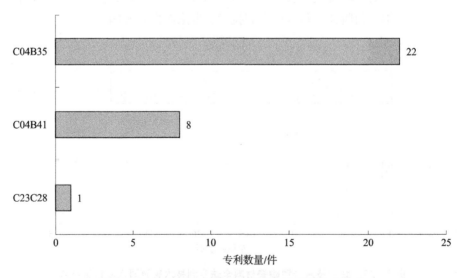

图 3 – 27 联合技术公司陶瓷材料全球专利技术构成

3.10.4.7 高被引专利

对联合技术公司陶瓷材料全球专利按被引证次数从高到低检索，列出排名前十位的高被引专利详细信息，见表 3 – 33 ～表 3 – 42。

表 3 - 33　申请号为 EP00108256 的专利信息

专利名称	具有环境/热障层的硅基衬底		
申请号	EP00108256	申请日	2000/4/14
公开（公告）号	EP1044943A1	公开（公告）日	2000/10/18
摘要	一种阻隔层用于一种含硅基板，其在暴露到一种高温的含水环境中时抑制硅的气态物质的形成，包括一种钡锶铝硅酸盐		

表 3 - 34　申请号为 EP00108256 的专利信息

专利名称	具有硅酸钇环境/热障层的硅基衬底及其制品制备方法		
申请号	EP00108257	申请日	2000/4/14
公开（公告）号	EP1044944A1	公开（公告）日	2000/10/18
摘要	一种阻隔层用于一种含硅基板，其暴露到一种高温的含水环境中时抑制硅的气态物质的形成，包括硅酸钇		

表 3 - 35　申请号为 EP01310556 的专利信息

专利名称	带通道的陶瓷基复合材料零件及其制造工艺		
申请号	EP01310556	申请日	2001/12/18
公开（公告）号	EP1215183A1	公开（公告）日	2002/6/19
摘要	一种陶瓷基质复合材料零件，在其壁内具有细长的冷却通道，所述陶瓷基质复合材料零件是通过插入可分解的插入件在一种织造陶瓷纤维预制件中制造而成的。该插入件是一种含碳填料包围的连续碳纤维丝束，并且被插入所述通道中希望的位置。所述预制件在该插入件在适当位置的情况下，被设置在一模具内。添加陶瓷基质材料，将纤维预制件与所述陶瓷基质材料固结。然后加热固结的部分至热分解该插入件，以在该部分形成细长通道。该插入件可以是柔性的并被自动织机编织到该预制件，或它们可以具有有限柔韧性并通过机器或手动插入		

表 3 - 36　申请号为 US11946100 的专利信息

专利名称	具有复合层的制品		
申请号	US11946100	申请日	2007/11/28
公开（公告）号	US20090136740A1	公开（公告）日	2009/5/28
摘要	一种复合制品，包括基板和附着到基板的层。该层包括金属相、第一陶瓷相和第二陶瓷相		

表 3 - 37　申请号为 US13859093 的专利信息

专利名称	一种陶瓷材料的制造方法		
申请号	US13859093	申请日	2013/4/9
公开（公告）号	US20130224471A1	公开（公告）日	2013/8/29
摘要	一种用于制造陶瓷材料的方法，包括提供能够渗透多孔陶瓷基质复合物的移动填充材料。所述移动填充材料包括陶瓷材料和自由金属中的至少一种。将活化的填料材料渗透到多孔陶瓷基复合材料的孔中。然后将活化的填料材料固定在多孔陶瓷基复合材料的孔内		

表 3-38　申请号为 EP06256473 的专利信息

专利名称	沉积保护涂层的方法		
申请号	EP06256473	申请日	2006/12/20
公开（公告）号	EP1829847A2	公开（公告）日	2007/9/5
摘要	一种用于在一衬底上沉积保护涂层的方法，包括以下步骤：将基材浸入由水溶液、至少一种难熔金属氧化物，和至少一种瞬态流体添加剂组成的浆料中。所述瞬态流体添加剂的量为浆料的 0.1%～10%（重量百分比）；热处理该基板，以及冷却该衬底以在其上形成保护涂层		

表 3-39　申请号为 US12566339 的专利信息

专利名称	杂化聚合物 CVI 复合材料		
申请号	US12566339	申请日	2009/9/24
公开（公告）号	US20110071014A1	公开（公告）日	2011/3/24
摘要	一种由非氧化物陶瓷和连续陶瓷纤维的基体的预制件形成高致密化化学基体复合 CMC 的方法。加入界面涂层，然后用树脂部分致密化预制件，以使用聚合物渗透热解工艺一次或多次增加预制件的密度。使用化学气相渗透（CVI）工艺使 CMC 达到最终期望的密度。		

表 3-40　申请号为 EP05254949 的专利信息

专利名称	复杂形状结构涂层的非视线工艺		
申请号	EP05254949	申请日	2005/8/9
公开（公告）号	EP1626039A2	公开（公告）日	2006/2/15
摘要	一种非视线工艺，用于保护阻挡层涂覆硅基衬底的复杂形状结构。该涂料工艺包括步骤：提供一种形状复杂的硅基衬底；通过至少一个电泳沉积和静电沉积施加至少一个阻隔层，在温度低于衬底熔点的温度下致密化所述的阻挡层		

表 3-41　申请号为 US12566316 的专利信息

专利名称	陶瓷基复合材料系统及其制造方法		
申请号	US12566316	申请日	2009/9/24
公开（公告）号	US20110071013A1	公开（公告）日	2011/3/24
摘要	一种陶瓷基复合材料，由非氧化物陶瓷和连续陶瓷纤维形成。基体中包括铪供体，其量足以在升高的温度下硬化复合物以防止复合物烧蚀。基体中还包括硼供体，其量足以降低复合物的玻璃化转变温度以流过在复合物中形成的裂纹。基体的形成方法有聚合物渗透热解法、化学气相渗透法、连续聚合物渗透热解法和化学气相渗透法		

表 3-42　申请号为 US14786919 的专利信息

专利名称	使用金属或陶瓷黏结剂通过瞬态液相结合增材制造陶瓷涡轮部件		
申请号	US14786919	申请日	2014/4/22
公开（公告）号	US20160083303A1	公开（公告）日	2016/3/24
摘要	陶瓷涡轮机部件通过将陶瓷粉末与无机黏合剂粉末混合的工艺形成。将粉末混合物形成涡轮机部件，该涡轮机部件随后通过瞬态液相烧结而致密化。在一个实施例中，涡轮机部件可以通过增材制造工艺形成，例如选择性激光烧结		

3.10.5　雷福特瑞知识产权有限两合公司

雷福特瑞知识产权有限两合公司（REFRACTORY INTELLECTUAL PROPERTY GMBH & CO. KG）是一家位于德国的公司，专门从事耐火材料和高温工业的知识产权和技术开发。该公司主要的业务包括开发、设计、生产和销售各种类型的高质量耐火材料，用于各种高温应用场合，例如冶金、炼钢、玻璃制造、水泥生产、炉灶和窑炉等领域。

雷福特瑞知识产权有限两合公司的产品和解决方案广泛应用于全球各个工业领域，为客户提供优质的技术支持和服务。该公司不断投入资金和人力资源，推动研究和创新，不断提高产品的质量和性能，并提供个性化的解决方案，以满足客户的不同需求。

雷福特瑞知识产权有限两合公司致力于可持续发展和环保，采用环保材料和生产工艺，在确保产品的质量和可靠性的同时，尽可能减少对环境的影响。该公司的使命是成为世界领先的耐火材料供应商，为客户提供卓越的产品和服务，并在可持续发展和环保方面发挥积极的作用。

3.10.5.1　专利申请趋势

图 3-28 展示的是雷福特瑞知识产权有限两合公司陶瓷材料全球专利申请量在 2013—2022 年的发展趋势。通过申请趋势可以从宏观层面把握雷福特瑞知识产权有限两合公司在这一阶段的陶瓷材料专利申请热度变化。2013—2015 年，雷福特瑞知识产权有限两合公司陶瓷材料全球专利申请量呈逐年增加趋势，2015 年达到峰值，全球专利申请量为 47 件；2016 年和 2017 年，全球专利申请量皆减少至 19 件，2018 年全球专利申请量略有增加，当年专利申请量为 23 件，2019—2022 年，雷福特瑞知识产权有限两合公司陶瓷材料全球专利申请量呈逐年减少趋势。

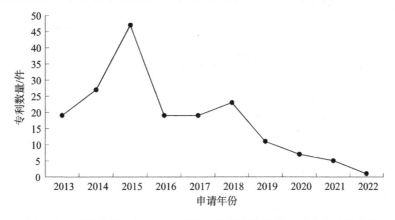

图 3-28　雷福特瑞知识产权有限两合公司陶瓷材料全球专利申请趋势

3.10.5.2　专利法律状态

图 3-29 展示的是雷福特瑞知识产权有限两合公司陶瓷材料全球专利法律状态分

布。其中，法律状态未知的专利 130 件，占比 47.6%；失效专利 60 件，占比 22.0%；PCT 指定期满专利 58 件，占比 21.2%；有效专利 18 件，占比 6.6%；审中专利 7 件，占比 2.6%。

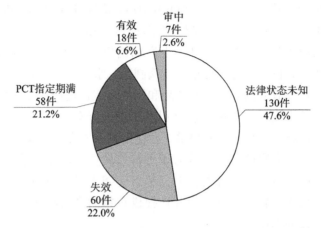

图 3-29 雷福特瑞知识产权有限两合公司陶瓷材料全球专利法律状态分布

3.10.5.3 专利类型

雷福特瑞知识产权有限两合公司的 273 件陶瓷材料全球专利均为发明专利。

3.10.5.4 专利技术来源国家或地区排名

图 3-30 展示的是雷福特瑞知识产权有限两合公司陶瓷材料全球专利技术来源国家或地区排名。可以看出，雷福特瑞知识产权有限两合公司的陶瓷材料全球专利技术主要来源是欧洲专利局和德国。

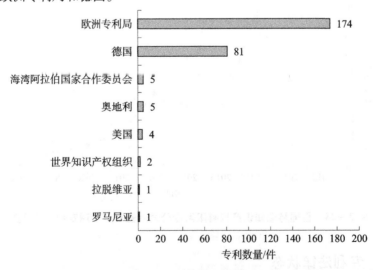

图 3-30 雷福特瑞知识产权有限两合公司陶瓷材料全球专利技术来源国家或地区排名

3.10.5.5　专利目标市场排名

图 3－31 展示的是雷福特瑞知识产权有限两合公司陶瓷材料全球专利目标市场排名情况。可以看出，世界知识产权组织、印度、波兰、巴西是雷福特瑞知识产权有限两合公司陶瓷材料专利的主要布局所在。

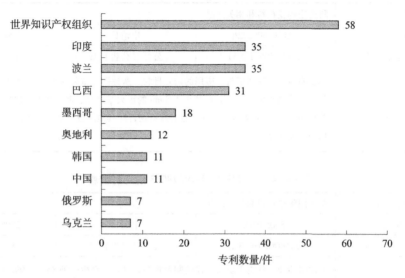

图 3－31　雷福特瑞知识产权有限两合公司陶瓷材料领域专利目标市场排名

3.10.5.6　专利技术构成分析

图 3－32 展示的雷福特瑞知识产权有限两合公司陶瓷材料全球专利技术构成情况。可以看出，绝大多数专利属于 C04B35（以成分为特征的陶瓷成型制品；陶瓷组合物）大组技术领域。

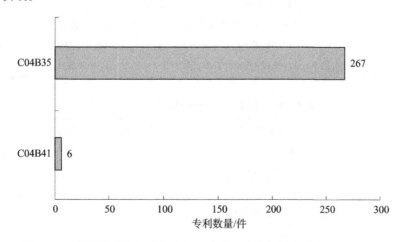

图 3－32　雷福特瑞知识产权有限两合公司陶瓷材料全球专利技术构成

3.10.5.7　高被引专利

对雷福特瑞知识产权有限两合公司陶瓷材料全球专利按被引证次数从高到低检索，列出排名前十位的高被引专利详细信息，见表3-43～表3-52。

表3-43　申请号为 WOEP05002226 的专利信息

专利名称	防火用陶瓷批料和相关产品		
申请号	WOEP05002226	申请日	2005/3/3
公开（公告）号	WO2005085155A1	公开（公告）日	2005/9/15
摘要	本发明涉及一种用于防火应用的陶瓷批料，所述陶瓷批料含83%～99.5%（重量百分比，后同）的至少一种粒度小于8mm的耐火基产品，和0.5%～12%的至少一种单独的粒状 SiO_2 载体，以及可能的残留物，即其他成分。本发明还涉及使用所述批料的一种产品		

表3-44　申请号为 US10598543 的专利信息

专利名称	防火用陶瓷批料和相关产品		
申请号	US10598543	申请日	2005/3/3
公开（公告）号	US20070203013A1	公开（公告）日	2007/8/30
摘要	本发明涉及一种用于防火用途的陶瓷批料，其包含至少一种83%～99.5%（重量百分比，后同）的粒度小于8mm的耐火基材、至少一种0.5%～1.2%的分离的粒状 SiO_2 载体和其他剩余部分，即其他组分。本发明也涉及使用该批料的产品		

表3-45　申请号为 US10585165 的专利信息

专利名称	一种高电阻率熔铸耐火材料		
申请号	US10585165	申请日	2004/12/30
公开（公告）号	US20070249481A1	公开（公告）日	2007/10/25
摘要	本发明提供了一种熔铸耐火材料。所述耐火材料包括0.8%～2.5%的 Al_2O_3，4.0%～10.0%的 SiO_2，86%～95%的 ZrO_2，0.1%～1.2%的 B_2O_3，最多0.04%的 Na_2O，最多0.4%的 CaO，最多0.1%的 Fe_2O_3 和最多0.25%的 TiO_2		

表3-46　申请号为 US10542308 的专利信息

专利名称	用于生产耐火陶瓷成形体的批料，由其制成的成形体及其用途		
申请号	US10542308	申请日	2003/12/6
公开（公告）号	US20060122051A1	公开（公告）日	2006/6/8
摘要	本发明涉及一种用于生产耐火陶瓷模塑体的组合物、由该组合物形成的非烧结或烧结模塑体以及使用该组合物的可能性		

表 3 - 47　申请号为 WOEP03012934 的专利信息

专利名称	耐火陶瓷模制品		
申请号	WOEP03012934	申请日	2003/11/19
公开（公告）号	WO2004048290A1	公开（公告）日	2004/6/10
摘要	本发明涉及一种耐火陶瓷模制品，其结构包括 a）80%～95%（重量百分比，后同）的 ZrO2 和 b）5%～20%MA 尖晶石，其依次包括：c）<0.8% 的 SiO_2 和 d）<1.0% 的铁氧化物，和 e）（根据 EN993 - 1）5%～20%（体积百分比）的表面孔隙度		

表 3 - 48　申请号为 WOEP03013823 的专利信息

专利名称	用于生产一种耐火陶瓷成形体的批料、由其制成的成形体及其用途		
申请号	WOEP03013823	申请日	2003/12/6
公开（公告）号	WO2004065323A1	公开（公告）日	2004/8/5
摘要	本发明涉及一种批料，用于生产耐火陶瓷成形体、由该批料制成的未焙烧的或焙烧的成形体及其可能的用途		

表 3 - 49　申请号为 WOEP06002622 的专利信息

专利名称	烧制的耐火陶瓷产品		
申请号	WOEP06002622	申请日	2006/3/22
公开（公告）号	WO2007006350A1	公开（公告）日	2007/1/18
摘要	本发明涉及一种烧制的耐火陶瓷产品，其结构是具有 2%～30%（体积百分比）的开孔率。超过一半的开放孔隙由最大直径为 15μm 和其最大值小于或等于最小值的 10 倍的孔隙组成		

表 3 - 50　申请号为 US10597530 的专利信息

专利名称	耐火陶瓷制品及其制备方法		
申请号	US10597530	申请日	2005/1/19
公开（公告）号	US20080254967A1	公开（公告）日	2008/10/16
摘要	本发明涉及一种烧制的耐火陶瓷产品和一种可用于生产所述产品的批料。所述批料（混合物）和所制备的煅烧产物都含有由 MgO 和 Al_2O_3 组成的尖晶石		

表 3 - 51　申请号为 US10477869 的专利信息

专利名称	耐火陶瓷模制品及其用途和用于生产模制品的组合物		
申请号	US10477869	申请日	2003/11/12
公开（公告）号	US20040142812A1	公开（公告）日	2004/7/22
摘要	本发明涉及一种具有 $[Mg]^{2+}[Al，Cr]_2^{3+}O_4$ 的尖晶石基体的烧结耐火陶瓷模制品，其中存在基于铬刚玉和/或刚玉的较粗颗粒和基于 ZrO_2 的较粗颗粒		

表 3 −52　申请号为 DE102006040269 的专利信息

专利名称	烧制的耐火陶瓷产品		
申请号	DE102006040269	申请日	2006/8/28
公开（公告）号	DE102006040269A1	公开（公告）日	2008/3/20
摘要	本发明涉及一种烧制的耐火陶瓷产品。根据本发明，成形产品和未成形产品都属于该通用术语。成形产品是指那些具有特定形状的产品，以便制造商可以现成制造而成。成形产品包括砖、喷嘴、管、塞子、板等。术语"未成形产品"包括用户自己发明的产品，如浇铸的锅炉骨料地板、修复的物品等。		

第4章 复合材料领域专利分析

4.1 复合材料领域概况

1. 复合材料产业的研究背景

复合材料是随着设计、材料、工艺、设备、检验技术的不断成熟逐渐在飞机结构中获得验证应用的，最开始的应用是复合材料整流罩和活动翼面等次承力或非承力构件，后来扩展到了主承力构件，并得到充分的考核验证，为复合材料更广泛的应用奠定了坚实的基础。[1]

复合材料在航空工业中的应用研究背景可以追溯到20世纪初。当时，航空工业领域的研究人员开始研究新材料，以替代传统的金属材料。随着科技的进步，研究人员发现了一些具有优异性能的复合材料，例如碳纤维增强复合材料、玻璃纤维增强复合材料和芳纶纤维增强复合材料等。这些材料的优点包括强度高、重量轻、耐腐蚀、耐热、抗疲劳等。

随着航空工业的发展，对于更加轻便、强度更高的材料的需求也不断增加。特别是在飞机、直升机、导弹等领域，这些材料的优异性能更为重要。此外，航空工业还要求这些材料在高温、高压和高速环境下具有优异的耐久性能。

由于复合材料的特殊性质，如复杂的微观结构、材料层间的黏合等，其制造和维修过程也面临着许多技术挑战。因此，复合材料在航空工业中的研究和应用也成为一个热门的领域，对复合材料的设计、制造、模拟、测试等方面都需要进行深入的研究，以保证其性能和可靠性。

2. 复合材料在航空工业中的应用研究

设计：复合材料的设计是复合材料研究的重要内容之一。在设计时需要考虑材料的强度、刚度、疲劳寿命等性能指标，同时还需要考虑材料的成本和制造工艺等

---

[1] 杨艳阳. 我国航空复合材料产业发展展望 [J]. 科技资讯，2022，20 (18)：161–163.

因素。

制造：复合材料的制造是复合材料研究的另一个重要内容。在制造复合材料时需要选择适当的纤维、树脂以及其他添加剂，通过层层叠加和热压等工艺来制造出具有预定性能的复合材料。

加工：对复合材料加工过程中也需要进行深入的研究，需要考虑诸如材料的切割、钻孔、粘接等工艺，以确保加工质量。

测试：复合材料在航空工业中的应用需要经过严格的测试验证。常见的测试项目包括复合材料的拉伸、弯曲、冲击等力学性能测试，以及材料的热稳定性、阻燃性、耐腐蚀性等测试。

应用：在航空工业中，复合材料的应用范围非常广泛，如飞机机身、翼面、推进系统、旋翼等部件均可采用复合材料制造。复合材料的使用可以降低飞机的重量、提高燃油效率和航程，同时还可以提高飞机的强度和刚度。

复合材料在航空工业中的应用研究是一个综合性的工程领域，需要将多个学科交叉融合，从而推动复合材料的发展和应用。

3. 复合材料在航空工业中的应用优势

重量减轻：相比于传统的金属材料，复合材料具有更轻的重量和更高的强度，能够有效降低飞机的重量，提高飞机的性能和效率。对于民用航空领域，这意味着更少的燃料消耗和更少的二氧化碳排放，有助于降低运营成本和环境影响。

强度提高：复合材料的强度和刚度比传统金属材料更高，能够更好地承受各种外部负载，提高飞机的可靠性，降低失效概率，增加安全性。

耐久性提高：复合材料比金属材料更耐腐蚀、更抗疲劳，具有更长的使用寿命。这对于飞机的维修和更换非常有利，能够减少机体的维护时间和成本。

热性能提高：复合材料对高温和低温的适应性更好，对于飞机在高速和高温度环境下的运行非常重要。

自由度提高：由于复合材料的制造工艺灵活，可以通过不同的层压和纤维布置实现不同的性能和设计，因此在飞机设计方面有更大的自由度，能够更好地适应不同的飞行需求。

4. 复合材料在航空工业中的应用范围

飞机结构件：复合材料可用于制造飞机的结构件，如机身、机翼、尾翼、前缘板等。复合材料制成的结构件比传统金属材料更轻、强度更高、更耐腐蚀、更抗疲劳，有助于提高飞机的性能和安全性，同时也减轻了飞机的重量，节约了燃油。

飞机内部部件：复合材料可用于制造飞机内部的部件，如座椅、行李架、隔板、蒙皮等。与传统材料相比，复合材料更轻、更耐用、更易于加工和维修，因此在飞机内部部件中的应用越来越广泛。

发动机部件：复合材料可用于制造发动机的部件，如叶片、外壳、舱门等。复合材料制成的发动机部件比传统材料制成的部件更轻、强度更高、更抗疲劳，能够提高发动机的性能和效率。

燃油箱：复合材料制成的燃油箱比传统金属材料部件更轻、更耐腐蚀、更安全，能够降低燃油泄漏的风险，保证飞机的安全性。

无人机：由于复合材料具有轻量化、高强度和高稳定性的特点，因此广泛应用于无人机制造中，能够提高无人机的性能和效率，实现更长的航程和更高的载荷。随着无人机向民用领域的逐步发展，其大量的功能被发掘出来，例如警用、农业、地质、气象、电力、抢险救灾、视频拍摄等行业。对无人机技术领域的专利进行宏观定量分析，大量涉及利用无人机完成摄影测绘，除了完成特定的任务，利用无人机实现的娱乐功能也是无人机产业的应用之一。❶

5. 复合材料的技术发展历程

20 世纪 60 年代：NASA 和美国空军开始研究和应用复合材料，以将其用于航空器和导弹制造。这些材料主要是玻璃纤维增强塑料和碳纤维增强塑料。

20 世纪 70 年代：随着工艺的不断改进和提高，复合材料开始应用于商业航空领域。美国波音公司开始研究使用复合材料制造飞机机翼，首款采用复合材料制造的客机是波音 727。

20 世纪 80 年代：复合材料在商业航空领域的应用进一步扩大。波音公司推出了采用复合材料制造的波音 737 飞机，此时航空工业中的复合材料应用已经成为主流。

20 世纪 90 年代：航空工业中的复合材料应用范围进一步扩展。波音公司推出了采用复合材料制造的 747 - 400 型飞机，并开始研究使用复合材料制造 777 型飞机。

21 世纪：随着技术的不断发展和工艺的不断改进，复合材料在航空工业中的应用已经越来越广泛。许多新型的飞机和部件，如空客 A350 和波音 787 等，采用了更加先进的复合材料制造技术。

总之，航空工业中的复合材料应用经历了一个漫长的发展过程，从最初的试验到现在的广泛应用，复合材料已成为现代航空工业中不可或缺的重要组成部分。

4.2　全球专利申请趋势

图 4 - 1 展示的是 2013—2022 年复合材料全球专利申请量的发展趋势。通过申请趋势可以从宏观层面把握这一阶段的复合材料专利申请热度变化情况。2013—2018年，复合材料全球专利申请量呈波动上升趋势；2018 年达到最高值，申请量为12193 件；2018—2020 年，复合材料全球专利申请量呈较为平稳的发展趋势；从2021 年开始，复合材料全球专利申请量逐渐减少。

---

❶ 陈汉君，邵文娥，董莎. 无人机技术领域的专利信息定量分析 [J]. 机电工程技术，2015, 44 (9): 21 - 24.

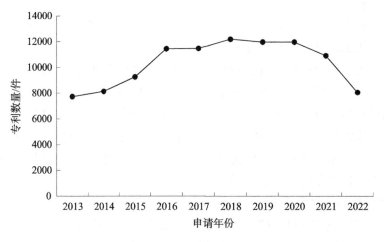

图 4 – 1　复合材料全球专利申请趋势

4.3　全球专利主要来源国家或地区

图 4 – 2 展示了复合材料全球专利在主要申请国家或地区的数量分布情况。中国（含台湾地区）、美国、日本、德国是复合材料全球专利申请的主要国家，分别为 65692 件、11175 件、9438 件、5584 件。紧随其后的是韩国 3532 件、法国 2562 件。企业可以跟踪、引进和消化相关领域技术，在此基础上实现技术突破。

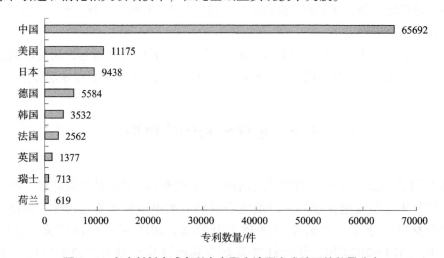

图 4 – 2　复合材料全球专利在主要申请国家或地区的数量分布

4.4　全球专利申请人排名

表 4 - 1 展示的是按照所属申请人（专利权人）的专利数量统计的复合材料全球专利主要申请人排名情况。

表 4 - 1　复合材料全球专利申请人排名

排名	申请人	专利数量/件
1	BASF SE	12613
2	TORAY INDUSTRIES INC.	11665
3	DOW GLOBAL TECHNOLOGIES LLC	9412
4	COVESTRO DEUTSCHLAND AG	4194
5	THE BOEING COMPANY	455
6	中国石油化工股份有限公司	330
7	TORAY INDUSTRIES	326
8	ARKEMA FRANCE	322
9	CYTEC INDUSTRIES INC.	290
10	LG CHEM LTD.	283
11	BOEING CO.	257
11	波音公司	257
13	合肥杰事杰新材料股份有限公司	240
14	BOREALIS AG	239
15	3M INNOVATIVE PROPERTIES COMPANY	234
16	AIRBUS OPERATIONS GMBH	233
16	北京化工大学	233
18	哈尔滨工业大学	227
19	四川大学	222
20	华南理工大学	214
21	东华大学	208
22	EVONIK DEGUSSA GMBH	203
23	MITSUBISHI HEAVY INDUSTRIES LTD.	198
24	LG HAUSYS LTD.	193
25	BAYERISCHE MOTOREN WERKE AKTIENGESELLSCHAFT	187
25	航天特种材料及工艺技术研究所	187

排名	申请人	专利数量/件
27	江南大学	186
27	陕西科技大学	186
29	南京航空航天大学	174
30	中国石油化工股份有限公司北京化工研究院	173

表 4-1 显示，BASF SE、TORAY INDUSTRIES INC.、DOW GLOBAL TECHNOLOGIES LLC 是复合材料领域全球专利重点申请人，数量分别为 12613 件、11665 件、9412 件。紧跟其后的是 COVESTRO DEUTSCHLAND AG 4194 件，THE BOEING COMPANY 455 件。企业可以跟踪、引进和消化相关领域技术，在此基础上实现技术突破。

4.5 国内专利类型分布

图 4-3 展示的是复合材料国内专利类型分布。经过检索，获得复合材料国内专利共 64842 件（不含台湾地区的 850 件）。其中，发明申请 45352 件，占总数的 69.9%；实用新型 18865 件，占总数的 29.1%，发明授权 625 件，占总数的 1.0%。

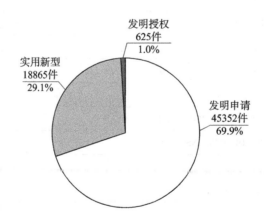

图 4-3 复合材料国内专利类型分布

4.6 国内专利申请趋势

图 4-4 展示的是复合材料国内专利申请量在 2013—2022 年的发展趋势。通过申请趋势可以从宏观层面把握这一阶段的复合材料国内专利申请热度变化情况。2013—

2021 年，复合材料国内专利申请量逐年增加，2021 年申请量达到峰值，为 8481 件；2022 年，复合材料国内专利申请量有所减少。

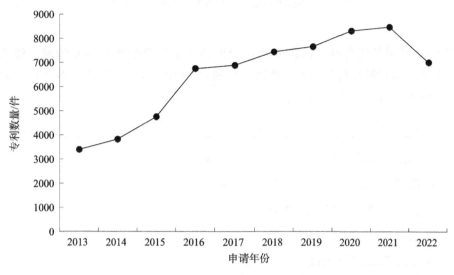

图 4 - 4　复合材料国内专利申请趋势

4.7　国内专利申请人国家或地区分布

图 4 - 5 展示了复合材料国内专利在主要专利申请国家或地区的数量分布情况。中国、美国、日本、德国是复合材料领域专利申请重点国家，分别为 61117 件、1098 件、912 件、600 件。紧随其后的是法国 246 件、韩国 223 件。企业可以跟踪、引进和消化相关领域技术，在此基础上实现技术突破。

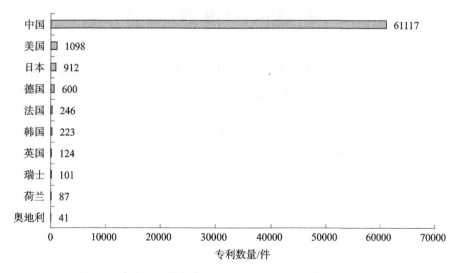

图 4 - 5　复合材料国内专利在主要申请国家或地区的数量分布

4.8 国内专利申请人省份分布

图 4-6 展示了复合材料国内专利在国内各主要省份的数量分布情况。江苏、浙江、广东是复合材料专利申请重点地区，分别为 14615 件、7827 件、6846 件。紧随其后的是安徽 4932 件、山东 3426 件。

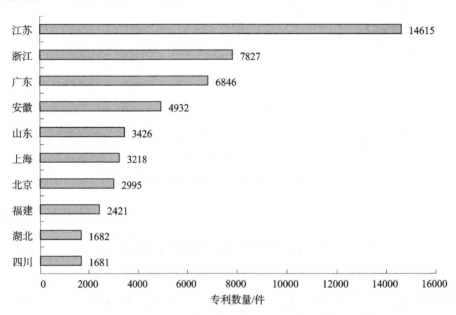

图 4-6　复合材料国内专利在国内各主要省份的数量分布

4.9 国内专利申请人排名

表 4-2 展示的是按照所属申请人（专利权人）的专利数量统计的复合材料国内专利主要申请人排名情况。中国石油化工股份有限公司、波音公司、合肥杰事杰新材料股份有限公司是复合材料国内专利重点申请人，申请量分别为 330 件、257 件、240 件。紧跟其后的是北京化工大学 233 件、哈尔滨工业大学 227 件。

表 4-2　复合材料领域国内专利申请人排名

排名	申请人	专利数量/件
1	中国石油化工股份有限公司	330
2	波音公司	257
3	合肥杰事杰新材料股份有限公司	240
4	北京化工大学	233

排名	申请人	专利数量/件
5	哈尔滨工业大学	227
6	四川大学	222
7	华南理工大学	214
8	东华大学	208
9	航天特种材料及工艺技术研究所	187
9	江南大学	186
9	陕西科技大学	186
12	南京航空航天大学	174
13	中国石油化工股份有限公司北京化工研究院	173
14	上海普利特复合材料股份有限公司	171
15	吉林大学	163
16	浙江普利特新材料有限公司	159
17	金发科技股份有限公司	157
18	重庆普利特新材料有限公司	151
19	中国科学院宁波材料技术与工程研究所	150
20	西北工业大学	142
21	上海金发科技发展有限公司	139
22	武汉理工大学	138
23	东丽株式会社	137
24	陶氏全球技术有限责任公司	129
25	西安交通大学	128
26	成都新柯力化工科技有限公司	127
27	浙江大学	126
28	哈尔滨理工大学	121
29	江苏金发科技新材料有限公司	119
30	浙江理工大学	118

4.10　重点申请人分析

4.10.1　波音公司

波音公司（THE BOEING COMPANY）是一家总部位于美国芝加哥的全球领先的航

空航天和国防企业。该公司成立于1916年，是世界上最大的航空航天公司之一，主要业务包括商业和军用飞机的设计、制造和销售，以及相关的航空和国防系统、服务和维修。

波音公司的产品组合涵盖了各种尺寸和类别的客机、货机、直升机、卫星、导弹、防御系统、通信和控制系统等。其客户包括航空公司、政府机构、国防部门、航空运输公司和航空租赁公司等。

波音公司以其领先的技术和工程实力而闻名，在全球范围内拥有广泛的供应链和分布式的制造网络。该公司不断推动研究和创新，开发新技术和材料，以提高产品的性能和效率，同时降低成本和减弱对环境的影响。

4.10.1.1　专利申请趋势

图4-7展示的是波音公司复合材料全球专利申请量在2013—2022年的发展趋势。通过申请趋势可以从宏观层面把握波音公司在这一阶段的复合材料全球专利申请热度变化。2013—2016年，波音公司复合材料全球专利申请量呈逐年减少的趋势，2013年全球专利申请量为46件，2016年全球专利申请量为13件；2016—2018年，波音公司复合材料全球专利申请量呈快速增加趋势，2018年全球专利申请量为31件；2018—2020年，波音公司复合材料全球专利申请量呈减少趋势；2021年，全球专利申请量有所增加，2022年又开始减少。

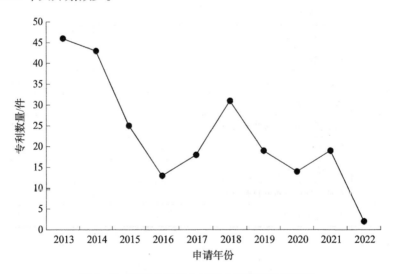

图4-7　波音公司复合材料全球专利申请趋势

4.10.1.2　专利法律状态

图4-8展示的是波音公司复合材料全球专利法律状态分布。其中，PCT指定期满专利184件，占比40.4%；法律状态未知的专利132件，占比29.0%；有效专利68件，占比15.0%；失效专利39件，占比8.6%；审中专利30件，占比6.6%；PCT指

定期内专利 2 件，占比 0.4%。

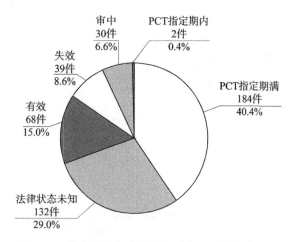

图 4 - 8 波音公司复合材料全球专利法律状态分布

4.10.1.3 专利类型

图 4 - 9 展示的是波音公司复合材料全球专利类型分布。其中，发明专利 412 件，占比 90.5%；实用新型专利 43 件，占比 9.5%。

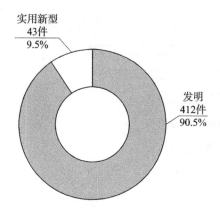

图 4 - 9 波音公司复合材料全球专利类型分布

4.10.1.4 专利技术来源国家或地区排名

图 4 - 10 展示的是波音公司复合材料全球专利技术来源国家或地区排名。可以看出，波音公司的复合材料全球专利技术主要来源国是美国。

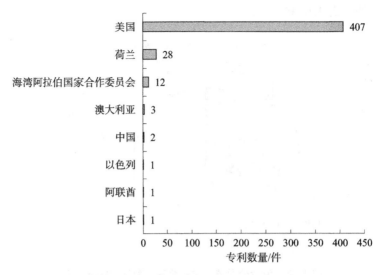

图 4 - 10   波音公司复合材料全球专利技术来源国家或地区排名

4.10.1.5   专利目标市场排名

图 4 - 11 展示的是波音公司复合材料全球专利目标市场排名情况。可以看出，世界知识产权组织、巴西、葡萄牙是波音公司复合材料专利的主要布局所在。

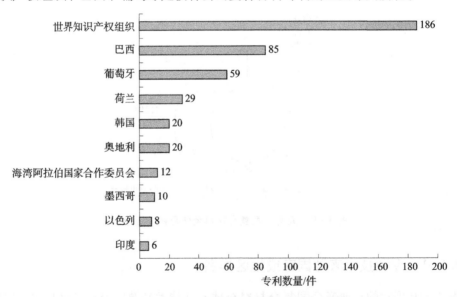

图 4 -11   波音公司复合材料全球专利目标市场排名

4.10.1.6   专利技术构成分析

图 4 - 12 展示的是波音公司复合材料全球专利技术构成情况。可以看出，绝大多数专利属于 B29C70 [成型复合材料，即含有增强材料、填料或预成型件（例如嵌件）的塑性

材料〕大组技术领域。

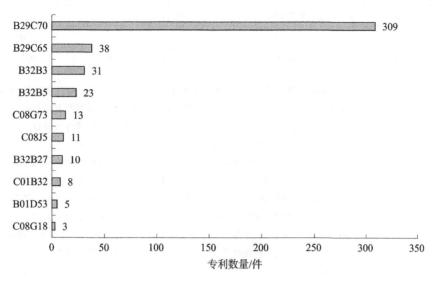

图 4 - 12　波音公司复合材料全球专利技术构成

4.10.1.7　高被引专利

对波音公司复合材料全球专利按被引证次数从高到低检索，列出排名前十位的高被引专利详细信息，见表 4 - 3 ~ 表 4 - 12。

表 4 - 3　申请号为 US07882831 的专利信息

专利名称	用于黏合和固化复杂复合结构材料的接缝和方法		
申请号	US07882831	申请日	1992/5/14
公开（公告）号	US5242523A	公开（公告）日	1993/9/7
摘要	本发明公开了一种用于形成和固化结合到蒙皮面板上的交叉复合材料桁条和框架的复杂结构的方法。根据本发明构造的结构非常适合用作飞机机身、船体等的一部分。该方法优选通过将未固化的复合材料桁条施加到未固化的复合片材面板上来实施。然后将固化的框架交叉放置在桁条上。框架在它们与桁条相交的位置处具有开口，这使得框架能够沿着它们的大部分长度与蒙皮直接接触。在成形和固化过程中，桁条被多个填充物覆盖，蒙皮板、桁条、框架和填充物的整个组件经受真空装袋和固化过程。当树脂被固化时，填充物用于保持零件的形状和控制树脂在桁条内的流动。此外，它们可能不需要真空袋和桁条之间的中间保护材料		

表 4 - 4　申请号为 US07940501 的专利信息

专利名称	轻质蜂窝板结构		
申请号	US07940501	申请日	1992/9/4
公开（公告）号	US5445861A	公开（公告）日	1995/8/29
摘要	一种轻质蜂窝板结构，包括顶板（34）和底板（32）以及设置在顶板和底板之间的大孔蜂窝层（36）。本发明的蜂窝板结构可用于诸如运载火箭的吸声有效载荷护罩、航空航天应用中的地板和墙壁、飞机机翼以及暴露于高热环境中的结构。另外，公开了一种制造热塑性蜂窝结构材料的方法		

表 4 - 5　申请号为 US09578069 的专利信息

专利名称	在自动放置过程中加热和控制复合材料温度的方法		
申请号	US09578069	申请日	2000/5/24
公开（公告）号	US6451152B1	公开（公告）日	2002/9/17
摘要	复合制品是通过将复合带材料引导通过压实区域而制造的，在压实区域中，带材料被压在基材上，并且通过用激光二极管阵列产生的激光辐射照射带和衬底的相对表面，在压实区域之前加热带和衬底。所述激光二极管阵列被分成可独立控制的二极管组，并且所述二极管组被控制以相对于所述带和衬底的另一个区域独立控制所述带和衬底的一个区域的加热。在一个实施例中，光能的宽度分布使得带在压实区域处沿其转向的弯曲路径的内径处的宽度部分被加热到比带在外部区域处的宽度部分更大的程度，该弯曲路径在压实区域处沿着弯曲路径被操纵。也可以控制激光二极管阵列以将带材料加热到与衬底不同的程度，以补偿不同的热损失速率。当不需要时，例如当带材料比阵列产生的全光场窄时，可以停用一个或多个二极管组阵列。所述阵列的不同二极管组可产生不同波长的光，以实现复合材料的不同区域的不同吸收率		

表 4 - 6　申请号为 US06204128 的专利信息

专利名称	一种先进复合材料		
申请号	US06204128	申请日	1980/11/5
公开（公告）号	US4331723A	公开（公告）日	1982/5/25
摘要	一种复合结构，在蒙皮和腹板之间具有用黏结剂插入件加强的接缝。所述插入件是楔形的，具有在两个方向上带有加强件的叠层侧，加强件和叠层在芯附近缝合在一起		

表 4 - 7　申请号为 US08943950 的专利信息

专利名称	缝合增强的夹层板及其制造方法		
申请号	US08943950	申请日	1997/10/3
公开（公告）号	US6187411B1	公开（公告）日	2001/2/13
摘要	一种缝合增强夹层板，其具有改进的平面拉伸强度、改进的皮芯剥离强度和显著减少的由冲击引起的损伤传播。所述缝合增强夹层板包括：相对不可压缩的泡沫芯；放置在泡沫芯的每个相对表面上的纤维干增强层；以及通过每个增强层和泡沫芯在整个面板上用高密度缝线缝合的高强度线。然后用树脂体系浸渍所述蒙皮以完成所述结构		

表 4 – 8　申请号为 US06827146 的专利信息

专利名称	多粗纱纤维层压机		
申请号	US06827146	申请日	1986/2/7
公开（公告）号	US4699683A	公开（公告）日	1987/10/13
摘要	本发明公开了一种纤维层压机，用于同时铺设平行的扁平纤维粗纱条。用于分配要放下的粗纱的头部（53）由机架（51）支撑。机架（51）包括用于使分配头沿三个正交轴线（X、Y、Z）纵向移动并绕垂直轴线（C）旋转的机构。此外，分配头设计成绕水平轴线（A）旋转运动。因此，当放置纤维粗纱时，分配头可沿复杂的行进路径移动。每个纤维粗纱由安装在头部一侧的线轴（30）供应。在离开线轴（301）之后，纤维粗纱通过压辊（305），压辊（305）对已经平整的粗纱施加轻微压力以去除任何剩余的厚度不规则性。此后，粗纱被导向各个模块，每个模块包括单独控制的再穿线机构（713）和单独剪切机构（741）。因为再穿线机构（713）和剪切机构（741）是可单独控制的，所以在放置纤维粗纱时，可以从纤维粗纱条中删除和/或向纤维粗纱条中添加单独的粗纱。模块安装在附接到主机（501）的子框架（503）中。位于主机（501）和支撑结构之间的是空气绝缘体垫（541），该空气绝缘体垫（541）向子框架（503）施加竖直压力。在离开模块之后，粗纱通过安装在副机架下端的定位辊（511）压靠在下面的轮廓表面上，例如工具。通过空气绝缘体垫（541）在轻微的高度变化上保持恒定压力。大的高度变化导致机架（51）升高整个头部（53）。激光照相机（521）安装在副机架辊的相对侧上，所述激光照相机的输出用于控制分配头（53）的位置，从而控制定位辊（511）绕分配头的旋转轴线（A）的位置		

表 4 – 9　申请号为 US08309534 的专利信息

专利名称	复合材料激光探伤		
申请号	US08309534	申请日	1994/9/20
公开（公告）号	US5562788A	公开（公告）日	1996/10/8
摘要	一种用于检测由纤维铺设机铺设的复合材料表面上的缺陷的方法和设备。本发明包括安装在机器上的视觉成像系统（78），使得其在复合丝束被压实辊（74）压实之后具有复合丝束的视场。在一个实施例中，视觉成像系统（78）包括激光模拟位移传感器。该成像系统向计算机分析系统（84）提供关于单个复合丝束的边缘位置的数据。计算机成像系统（84）使用丝束边缘位置数据来计算丝束之间的间隙或重叠的位置和大小或异物的存在。此信息在质量控制模型中非常有用，可用于评估制造过程或最终零件质量		

表 4 – 10　申请号为 US06414532 的专利信息

专利名称	纤维层压的方法和装置		
申请号	US06414532	申请日	1982/7/19
公开（公告）号	US4790898A	公开（公告）日	1988/12/13
摘要	一系列长丝被分成粗纱（10），每个粗纱用黏性树脂黏合剂浸渍。粗纱被引导（12，14，16）到心轴（18）上并被压缩。通过控制内弧间距和压缩力，粗纱被压缩，使得它们的横向膨胀导致相邻的粗纱黏合，由此形成限定宽度、高度和细丝数的单一带（22）。高度和宽度通过改变压缩力和弧内间距来控制。带状成形通过在带状成形之前切断（24，26）所选粗纱来实现。在粗纱引导和压缩装置与心轴之间提供线性和旋转相对运动以精确地定向带		

表 4 – 11　申请号为 US08585304 的专利信息

专利名称	钛－聚合物杂化层压材料		
申请号	US08585304	申请日	1996/1/11
公开（公告）号	US5866272A	公开（公告）日	1999/2/2
摘要	本发明提供一种适用于超音速民用飞机的混合层压板和混合层压板结构的蒙皮板。所述混合层压板包括钛合金箔层和复合层的叠层，所述复合层被优化定向以抵消在使用中遇到的力，所述复合层结合到中心芯结构，例如钛合金蜂窝。所述复合层的增强纤维选自碳和硼，并且所述纤维在每个层内是连续且平行取向的。但是，一些层可以与其他层成角度取向。在本发明的优选实施方案中，混合层压材料的大部分或全部纤维取向在共同的方向上。层压材料的外表面包括钛箔层，以保护下面的含复合材料结构免受环境和溶剂等的侵蚀		

表 4 – 12　申请号为 US09731945 的专利信息

专利名称	双袋真空输液工艺		
申请号	US09731945	申请日	2000/12/7
公开（公告）号	US20020022422A1	公开（公告）日	2002/2/21
摘要	本发明的双袋真空输液方法提供了一种低成本、无须高压釜生产复杂复合组件的方法。它还能够产生高度创新的结构。使用这种浸渍方法生产的复合材料的质量可以与使用预浸料坯、手工铺层或纤维放置和高压釜固化制备的复合材料相当。双重装袋实现了真空完整性，可控制袋子的松弛，同时流动介质控制了流动前沿，从而生产出高质量的航空航天级产品		

4.10.2　陶氏全球技术有限责任公司

陶氏全球技术有限责任公司（DOW GLOBAL TECHNOLOGIES LLC）是一家总部位

于美国密歇根州的跨国科技公司，属于陶氏化学公司的全资子公司。该公司成立于1897 年，其主要业务包括化学品、塑料、高性能材料、电子材料和农业科技等领域的研究、开发和商业化。

陶氏全球技术有限责任公司在全球范围内拥有多个研究和开发中心，并在多个国家和地区拥有制造和销售网络。该公司在化学品和材料领域具有众多的专利和领先的技术优势，是许多行业的重要供应商。

陶氏全球技术有限责任公司的使命是通过创新和技术领导力来解决全球性挑战，为人类和社会创造价值和发展机会。同时，该公司始终致力于可持续发展和社会责任担当，在减少环境影响、推动社会进步和增加社会贡献方面发挥作用。

4.10.2.1 专利申请趋势

图 4-13 展示的是陶氏全球技术有限责任公司复合材料全球专利申请量在 2013—2022 年的发展趋势。通过申请趋势可以从宏观层面把握陶氏全球技术有限责任公司在这一阶段的复合材料专利申请热度变化。2013—2014 年，陶氏全球技术有限责任公司复合材料全球专利申请量呈轻微减少趋势；2014—2017 年，陶氏全球技术有限责任公司复合材料全球专利申请量呈稳步增长趋势，2017 年全球专利申请量达到峰值，为810 件；2017—2022 年，陶氏全球技术有限责任公司复合材料全球专利申请量呈逐年减少趋势。

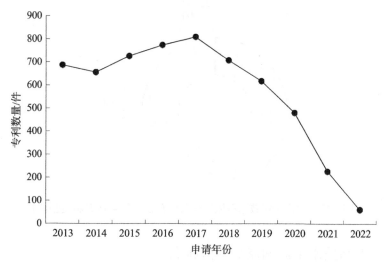

图 4-13 陶氏全球技术有限责任公司复合材料全球专利申请趋势

4.10.2.2 专利法律状态

图 4-14 展示的是陶氏全球技术有限责任公司复合材料全球专利法律状态分布。其中，有效专利 3152 件，占比 33.5%；失效专利 2589 件，占比 27.5%；法律状态未知的专利 1492 件，占比 15.9%；PCT 指定期满专利 1224 件，占比 13.0%；审中专利

870 件，占比 9.2%；PCT 指定期内专利 85 件，占比 0.9%。

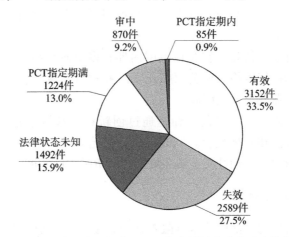

图 4-14 陶氏全球技术有限责任公司复合材料全球专利法律状态分布

4.10.2.3 专利类型

图 4-15 展示的是陶氏全球技术有限责任公司复合材料全球专利类型分布。其中，发明专利 9398 件，占比 99.9%；实用新型专利 14 件，占比 0.1%。

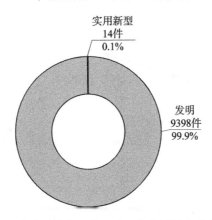

图 4-15 陶氏全球技术有限责任公司复合材料全球专利类型分布

4.10.2.4 专利技术来源国家或地区排名

图 4-16 展示的是陶氏全球技术有限责任公司复合材料全球专利技术来源国家或地区排名。可以看出，陶氏全球技术有限责任公司复合材料专利技术的主要来源国是美国和中国。

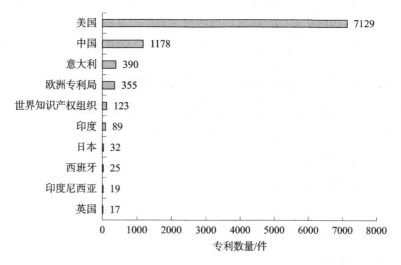

图 4 - 16　陶氏全球技术有限责任公司复合材料全球专利技术来源国家或地区排名

4.10.2.5　专利目标市场排名

图 4 - 17 展示的是陶氏全球技术有限责任公司复合材料全球专利目标市场排名情况。可以看出，欧洲专利局、美国、世界知识产权组织是陶氏全球技术有限责任公司复合材料专利的主要布局所在。

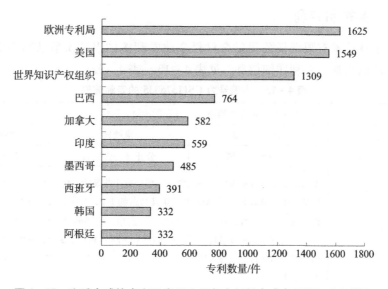

图 4 - 17　陶氏全球技术有限责任公司复合材料全球专利目标市场排名

4.10.2.6　专利技术构成分析

图 4 - 18 展示的是陶氏全球技术有限责任公司复合材料全球专利技术构成情况。

可以看出，绝大多数专利属于 C08L23（只有 1 个碳－碳双键的不饱和脂族烃的均聚物或共聚物的组合物，此种聚合物的衍生物的组合物）、C08G18（异氰酸酯类或异硫氰酸酯类的聚合产物）、B32B27（实质上由合成树脂组成的层状产品）大组技术领域。

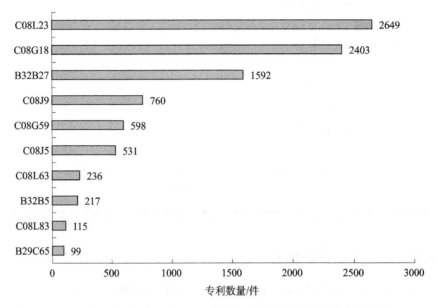

图 4－18　陶氏全球技术有限责任公司复合材料全球专利技术构成

4.10.2.7　高被引专利

对陶氏全球技术有限责任公司复合材料全球专利按被引证次数从高到低检索，列出排名前十位的高被引专利详细信息，见表 4－13～表 4－22。

表 4－13　申请号为 US11376835 的专利信息

专利名称	乙烯/α－烯烃嵌段共聚物		
申请号	US11376835	申请日	2006/3/15
公开（公告）号	US200619930B2	公开（公告）日	2009/10/27
摘要	本发明的实施方案提供一类乙烯/α－烯烃嵌段共聚物。所述乙烯/α－烯烃共聚物的特征在于平均嵌段指数 ABI 大于 0 且高达约 1.0，分子量分布 M_w/M_n 远大于 1.3。优选地，嵌段指数为 0.2～1。另外或可选地，所述嵌段乙烯/α－烯烃共聚体的特征在于具有至少一种通过升温洗脱分馏（TREF）获得的级分，其中所述级分的嵌段指数大于 0.3 且高达约 1.0，并且所述乙烯/α－烯烃共聚体的分子量分布 M_w/M_n 远大于 1.3		

表 4 – 14　申请号为 US11376982 的专利信息

专利名称	适用于薄膜的乙烯/α – 烯烃多嵌段共聚物的组合物		
申请号	US11376982	申请日	2006/3/15
公开（公告）号	US20060199912A1	公开（公告）日	2006/9/7
摘要	适用于薄膜的组合物包含至少一种乙烯/α – 烯烃共聚体，其中乙烯/α – 烯烃共聚体可以具有例如 $3.5 \sim 7$ 的 M_w/M_n，至少一个以摄氏度计的熔点 T_m 和以 g/cm^3 计的密度 d，其中 T_m 和 d 的数值对应于关系式：$T_m > -2002.9 + 4538.5d - 2422.2d^2$		

表 4 – 15　申请号为 US11376971 的专利信息

专利名称	用于具有高热黏性的吹塑薄膜的乙烯/α – 烯烃多嵌段共聚物的组合物		
申请号	US11376971	申请日	2006/3/15
公开（公告）号	US20060199030A1	公开（公告）日	2006/9/7
摘要	本发明涉及具有改进的热黏性性能的膜层和组合物。所述组合物包含至少一种乙烯/α – 烯烃共聚体，其中乙烯/α – 烯烃共聚体可以具有例如 $3.5 \sim 7$ 的 M_w/M_n，至少一个以摄氏度计的熔点 T_m 和以 g/cm^3 计的密度 d，其中 T_m 和 d 的数值对应于关系式：$T_m > -2002.9 + 4538.5d - 2422.2d^2$		

表 4 – 16　申请号为 US11446037 的专利信息

专利名称	增韧环氧黏合剂组合物		
申请号	US11446037	申请日	2006/6/2
公开（公告）号	US20060276601A1	公开（公告）日	2006/12/7
摘要	本发明是一种环氧树脂基黏合剂组合物，其是包含环氧树脂和弹性体预聚物残基的化合物，所述弹性体预聚物残基是选自聚氨酯、聚脲和具有异氰酸酯端基的聚脲聚氨酯的化合物，所述预聚物残基的异氰酸酯端基被封端化合物封端，所述封端化合物选自伯脂族、环脂族、杂芳族和芳脂族胺、仲脂族、脂环族、芳族、杂芳族和芳油胺、硫醇和烷基酰胺，所述封端化合物以使其键合的端部不再具有反应性基团的方式键合到弹性体预聚物的聚合物链的端部。除了上述定义的封端化合物，可使用选自苯酚和多酚的封端化合物封端预聚物残基的异氰酸酯端基		

表 4 – 17　申请号为 US11552563 的专利信息

专利名称	多层弹性制品		
申请号	US11552563	申请日	2006/10/25
公开（公告）号	US200700927042B2	公开（公告）日	2009/3/3
摘要	本发明是一种制品，包括至少两层，低结晶度层和高结晶度层。一层或两层能够伸长，从而能够形成预拉伸制品		

表 4 - 18   申请号为 US11078088 的专利信息

专利名称	增韧环氧黏合剂组合物		
申请号	US11078088	申请日	2005/3/11
公开（公告）号	US20050209401A1	公开（公告）日	2005/9/22
摘要	本发明涉及一种环氧黏合剂组合物，其包含 a）第一环氧树脂，b）用丙烯腈－丁二烯橡胶改性的第二环氧树脂，后者平均包含小于 25%（重量百分比）的丙烯腈，和 c）增韧剂。基于组合物的总重量，组分 b）和组分 c）的总量高于约 30%，组分 c）与组分 b）的重量比约大于 1：1。本发明还涉及所述环氧黏合剂组合物用于装配车辆部件的用途。本发明还涉及一种车辆，其部件由所述环氧黏合剂组合物组装		

表 4 - 19   申请号为 US08969870 的专利信息

专利名称	流变改性的热塑性弹性体组合物和由其制备的制品		
申请号	US08969870	申请日	1997/11/14
公开（公告）号	US6506842B1	公开（公告）日	2003/1/14
摘要	流变改性的热塑性弹性体组合物是通过对乙烯/α－烯烃聚合物或二烯改性的乙烯/α－烯烃聚合物和高熔点聚合物如聚丙烯或丙烯/α－烯烃共聚物的熔体共混进行过氧化物改性而制备的。所得组合物具有弹性相、非弹性体相和某些物理性质，其优于未流变改性的类似组合物的那些物理性质。所述组合物可用于通过常规方法制备各种制品		

表 4 - 20   申请号为 US10031304 的专利信息

专利名称	可在模压工艺中获得的条纹表面结构		
申请号	US10031304	申请日	2002/8/9
公开（公告）号	US6946182B1	公开（公告）日	2005/9/20
摘要	本发明公开了单层或多层膜、片材或涂层，其中至少一层包括边缘表面微结构（1），制备这些物品的方法及其用途。本发明还公开了包含这种膜、片材或涂层的制品		

表 4 - 21   申请号为 US11069843 的专利信息

专利名称	烯烃聚合物的耐久性泡沫体，其制备方法和由其制备的制品		
申请号	US11069843	申请日	2005/2/28
公开（公告）号	US20050192365A1	公开（公告）日	2005/9/1
摘要	基于烯烃聚合物的、耐用的、开孔泡沫组合物，结构和由其衍生的制品；制备这种泡沫的方法；以及干耐用泡沫体在各种应用中的用途。本发明还描述了所述泡沫体和由其制成的结构和制品在吸收、过滤、绝缘、缓冲和背衬应用中的用途，尤其是在除臭、卫生和医疗应用中的用途，这是由于泡沫的良好吸收能力、柔软性和/或柔韧性以及它们的可回收性		

表 4 - 22　申请号为 US09605496 的专利信息

专利名称	基本上无定形的非氯化聚合物阻隔膜和使用这种膜的方法		
申请号	US09605496	申请日	2000/6/28
公开（公告）号	US6455161B1	公开（公告）日	2002/9/24
摘要	本发明提供了一种基本上无定形的非氯化聚合物膜，其是气味和有机分子的有效屏障，使得它们特别适用于造口术袋（结肠造口术、回肠造口术）、经皮递送系统（TDDS）、化妆品贴剂、失禁袋、医疗收集袋、胃肠外溶液袋和食品包装，以及防护服和土壤熏蒸应用。本发明的阻挡层可以用作单层，或者可以是多层结构的组分膜。所述阻挡膜可以与其他膜层一起使用，也可以不与其他膜层一起使用，所述其他膜层促进降低的噪声发射。可选地，单层和多层膜可以省略阻挡层，以有利于降低噪声发射层		

4.10.3　东丽株式会社

东丽株式会社（TORAY INDUSTRIES INC.）是一家日本跨国公司，总部位于东京，成立于 1926 年。该公司主要业务包括化学品、纺织品、高级材料和环境工程等领域的产品研发、制造和销售。

东丽株式会社在全球范围内拥有广泛的业务和销售网络，涉及包括亚洲、欧洲、北美洲和南美洲等的多个国家和地区。该公司的产品广泛应用于汽车、电子、建筑、航空航天和医疗等行业，同时也在环境保护和可持续发展方面做出了积极贡献。

作为全球领先的化学品和材料制造商之一，东丽株式会社致力于创新和技术领导力，在材料科学和工程领域进行研究和开发，不断推动技术进步和产业发展。同时，该公司还始终注重可持续发展和社会责任担当，在环境保护、社会公益和企业道德等方面发挥积极作用。

4.10.3.1　专利申请趋势

图 4 - 19 展示的是东丽株式会社复合材料领域全球专利申请量在 2013—2022 年的发展趋势。通过申请趋势可以从宏观层面把握东丽株式会社在这一阶段的复合材料专利申请热度变化。2013—2014 年，东丽株式会社复合材料全球专利申请量呈轻微减少趋势；2014—2016 年，东丽株式会社复合材料全球专利申请量呈缓慢增长趋势；2017年，东丽株式会社复合材料全球专利申请量略有减少；2018—2019 年，东丽株式会社复合材料全球专利申请量又表现为增长趋势；从 2020 年开始，东丽株式会社复合材料全球专利申请量逐年减少。

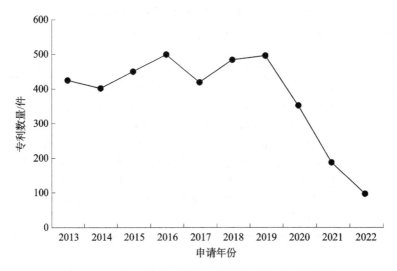

图 4 – 19   东丽株式会社复合材料全球专利申请趋势

4.10.3.2   专利法律状态

图 4 – 20 展示的是东丽株式会社复合材料全球专利法律状态分布。其中，失效专利 6390 件，占比 54.8%；有效专利 2173 件，占比 18.6%；审中专利 1829 件，占比 15.7%；PCT 指定期满专利 799 件，占比 6.8%；法律状态未知的专利 408 件，占比 3.5%；PCT 指定期内专利 66 件，占比 0.6%。

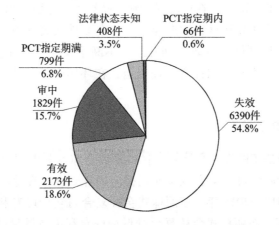

图 4 – 20   东丽株式会社复合材料全球专利法律状态分布

4.10.3.3   专利类型

图 4 – 21 展示的是东丽株式会社复合材料全球专利类型分布。其中，发明专利 11637 件，占比 99.8%；实用新型专利 28 件，占比 0.2%。

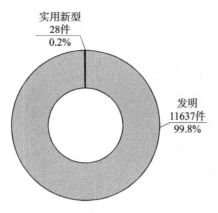

图 4 - 21　东丽株式会社复合材料全球专利类型分布

4.10.3.4　专利技术来源国家或地区排名

图 4 - 22 展示的是东丽株式会社复合材料领域的专利技术来源国家或地区排名。可以看出，东丽株式会社复合材料全球专利技术主要来源国是日本。

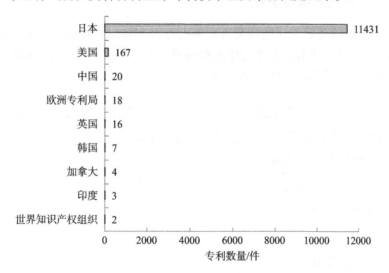

图 4 - 22　东丽株式会社复合材料全球专利技术来源国家或地区排名

4.10.3.5　专利目标市场排名

图 4 - 23 展示的是东丽株式会社复合材料全球专利目标市场排名情况。可以看出，日本是东丽株式会社复合材料专利的主要布局所在。

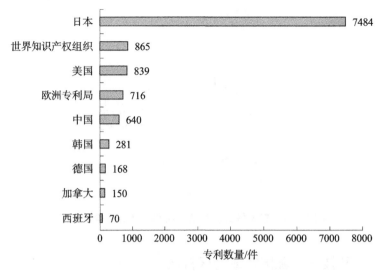

图 4 – 23　东丽株式会社复合材料全球专利目标市场排名

4.10.3.6　专利技术构成分析

图 4 – 24 展示的东丽株式会社复合材料全球专利技术构成情况。可以看出，绝大多数专利属于 C08J5（含有高分子物质的制品或成形材料的制造）、B32B27（实质上由合成树脂组成的层状产品）大组技术领域。

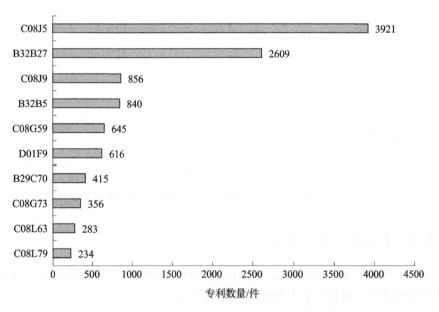

图 4 – 24　东丽株式会社复合材料全球专利技术构成

4.10.3.7 高被引专利

对东丽株式会社复合材料全球专利按被引证次数从高到低检索，列出排名前十位的高被引专利详细信息，见表 4−23～表 4−32。

表 4−23 申请号为 US07137720 的专利信息

专利名称	具有树脂层间区的纤维增强复合材料		
申请号	US07137720	申请日	1987/12/24
公开（公告）号	US5028478A	公开（公告）日	1991/7/2
摘要	预浸料坯，所述预浸料坯由纤维增强树脂组成，所述纤维增强树脂具有分布在整个预浸料坯中的分离相的细颗粒树脂层，以及用于制造纤维增强树脂压板的预浸料坯，所述纤维增强树脂压板具有作为分离相的树脂颗粒，其中90%或更多的树脂颗粒位于层间区域中，所述层间区域的宽度不大于形成所述层压板的每层宽度的30%。第一类型的预浸料坯通过将基质树脂和树脂微粒的混合物与增强纤维结合来制备，而第二类型的预浸料坯通过制备增强纤维和基质树脂的第一混合物并在其上喷洒树脂微粒来制备，或者可选地制备基质树脂和树脂微粒的第二混合物然后将第二混合物施加到第一混合物的一个或两个面上来制备。在特定实施方案中，树脂颗粒可以由热固性树脂和热塑性树脂的组合组成，热塑性树脂具有或可以形成半互穿聚合物网络结构		

表 4−24 申请号为 US07114061 的专利信息

专利名称	防反射光学制品及其制造方法		
申请号	US07114061	申请日	1987/10/29
公开（公告）号	US4904525A	公开（公告）日	1990/2/27
摘要	本发明公开了一种防反射光学制品，其具有优异的防反射性、耐刮伤性、耐冲击性、柔韧性、防静电性和耐候性，且易于染色。本发明的防反射光学制品包括透明塑料基板；形成在所述基板的表面上的硬涂层膜，所述膜具有不小于 1.52 的折射率；以及厚度为 10～500nm 的含氟有机聚硅氧烷基膜，该含氟有机聚硅氧烷基膜的折射率比硬涂层膜的折射率低 0.02 以上，并形成在硬涂层膜上		

表 4−25 申请号为 US06313168 的专利信息

专利名称	防雾涂膜		
申请号	US06313168	申请日	1981/10/20
公开（公告）号	US4478909A	公开（公告）日	1984/10/23
摘要	本发明公开了一种由聚乙烯醇、二氧化硅和有机硅化合物及其水解产物固化而成的防雾膜，该防雾膜能够通过水解形成硅醇，并且具有这样的碳/硅元素比，即膜的表面层的所述比率大于整个膜的所述比率。本发明还描述了该防雾膜的制造方法以及用所述膜覆盖的制品。上述膜具有优异的防雾性能、表面硬度和良好的使用耐久性		

表4-26 申请号为US06479970的专利信息

专利名称	超细纤维缠结片材及其制造方法		
申请号	US06479970	申请日	1983/3/29
公开（公告）号	US4476186A	公开（公告）日	1984/10/9
摘要	一种具有纤维结构的缠结无纺布，其包括由尺寸不大于约0.5旦尼尔的超细纤维组成的彼此缠结的超细纤维束部分（A）和从超细纤维束分支并彼此缠结的超细纤维至超细纤维束部分（B），并且其中部分（A）和部分（B）在织物厚度方向上不均匀地分布。本发明产品柔韧性高，形状保持性好。本发明还涉及一种粒状片材，在其至少一个表面上具有由超细纤维至超细纤维束组成的纤维结构形成的颗粒，并且纤维缠结点之间的距离不大于约200μm，以及在纤维结构的间隙部分中具有树脂。本发明的粒状片材具有较高的柔韧性、抗剪切疲劳性和抗划伤、抗擦伤性		

表4-27 申请号为US07532678的专利信息

专利名称	增强机织物和预制材料、纤维增强复合材料和使用其的梁		
申请号	US07532678	申请日	1990/6/4
公开（公告）号	US5100713A	公开（公告）日	1992/3/31
摘要	一种增强机织物（21），包括增强长丝纱线（22、23）的经线和增强长丝纱线（24）的纬线，增强长丝纱线（22、23）的经线布置成在横向上，形成经纱（A）的高密度部分和经纱（B）的低密度部分，增强长丝纱线（24）的纬线倾斜地延伸到经线（22、23）。可以使用所述多个增强机织物（21）形成预制材料，并且可以使用所述预制材料形成纤维增强复合材料，特别是梁形式的纤维增强复合材料。增强机织物（21）中的经纱（A）的高密度部分可以提供梁的凸缘所需的抗弯或抗拉应力的强度和刚度，而经纱（B）的低密度部分中的斜伸纬纱（24）可以在多个增强机织物（21）层叠以形成梁的预制材料时满足梁的腹板所需的抗剪切应力的强度，可以有效地获得梁所需的机械性能		

表4-28 申请号为EP00904083的专利信息

专利名称	纤维增强塑料用复合增强纤维基材、预制件及生产方法		
申请号	EP00904083	申请日	2000/2/22
公开（公告）号	EP1125728A1	公开（公告）日	2001/8/22
摘要	本发明的目的是提供一种通过将纤维增强材料和无纺布一体化而形成的FRP，该FRP具有优异的成形能力、成形后的耐冲击性，以及优异的可靠性和低成本。本发明的目的是通过包括由增强纤维组成的片状纤维增强材料和层压在纤维增强材料的至少一侧上的非织造织物的复合纤维增强材料来实现的，其中构成所述非织造织物的纤维穿过所述纤维增强材料，以使所述非织造织物与所述纤维加强材料一体化		

表 4 - 29　申请号为 US10540624 的专利信息

专利名称	层叠体、电磁屏蔽成形体及其制造方法		
申请号	US10540624	申请日	2003/12/25
公开（公告）号	US20060110599A1	公开（公告）日	2006/5/25
摘要	一种层状产品，其是包括热固性树脂层、热塑性树脂层，以及包含许多连续长丝的增强纤维的模制物体，其中热固性树脂层在这些层之间的界面处与热塑性树脂层结合，所述热固性树脂层的树脂和所述热塑性树脂层的树脂在界面处均具有不规则的表面形状，增强纤维中的一组长丝至少与热固性树脂层的树脂接触，而增强纤维中的另一组长丝至少与热塑性树脂层的树脂接触，热塑性树脂层与界面相对的那一侧是模制物体的表面		

表 4 - 30　申请号为 WOJP07053443 的专利信息

专利名称	纤维增强热塑性树脂模塑制品、模塑材料和用于生产模塑制品的方法		
申请号	WOJP07053443	申请日	2007/2/19
公开（公告）号	WO2007097436A1	公开（公告）日	2007/8/30
摘要	本发明公开了一种纤维增强热塑性树脂模塑制品，它包括一种热塑性树脂和一种高含量包含在热塑性树脂中的单丝碳纤维，其中该碳素纤维具有长纤维长度且设置无规。本发明还公开了一种模塑材料，包括一种单丝碳纤维和一种热塑性树脂纤维，其中所述碳纤维是高含量的，具有一个长纤维长度，且设置无规。进一步公开了一种方法，用于生产一种纤维增强的热塑性树脂模塑制品，其中所述方法包括将该成形材料以压缩成形		

表 4 - 31　申请号为 US08737196 的专利信息

专利名称	增强机织织物及其制造方法和设备		
申请号	US08737196	申请日	1996/11/6
公开（公告）号	US5783278A	公开（公告）日	1998/7/21
摘要	本发明提供了一种增强机织织物，其使用小于0.5%（重量百分比）施胶剂的增强纤维的扁平且基本上不加捻的复丝作为织造线，以及一种通过将增强纤维的复丝织成经线和纬线来制造增强机织织物的方法和设备。作为增强复合材料的基底，可以以低成本获得具有小厚度和极高覆盖系数并且能够指示高强度的增强机织织物		

表 4 - 32　申请号为 US08644025 的专利信息

专利名称	增强纤维、环氧树脂、交联橡胶颗粒和固化剂的预浸料坯		
申请号	US08644025	申请日	1996/5/9
公开（公告）号	US6063839A	公开（公告）日	2000/5/16
摘要	公开了用于纤维增强复合材料的环氧树脂组合物，包括每100重量份环氧树脂含有70重量份或更多的双官能环氧树脂，包含橡胶相且基本上不溶于环氧树脂的细颗粒和固化剂。还公开了预浸料坯和包含该组合物的纤维增强复合材料		

4.10.4　巴斯夫公司

巴斯夫公司（BASF SE）是一家总部位于德国路德维希港的跨国化学公司，成立于1865年，是全球最大的化学品生产商之一。巴斯夫公司主要业务涵盖化学品、塑料、高性能材料、农业科技和石油化工等领域。

巴斯夫公司在全球范围内拥有广泛的业务和销售网络，涉及包括欧洲、亚洲、美洲和非洲在内的多个国家和地区。该公司的产品广泛应用于汽车、建筑、电子、医药、化妆品等行业，并在可持续发展和环境保护方面做出了积极贡献。

作为全球领先的化学品和材料制造商之一，巴斯夫公司致力于创新和技术领导力，在材料科学和工程领域进行研究和开发，不断推动技术进步和产业发展。同时，该公司还始终注重可持续发展和社会责任担当，在环境保护、社会公益和企业道德建设等方面发挥积极作用。

4.10.4.1　专利申请趋势

图4－25展示的是巴斯夫公司复合材料全球专利申请量在2013—2022年的发展趋势。通过申请趋势可以从宏观层面把握巴斯夫公司在这一阶段的复合材料专利申请热度变化。2013—2014年，巴斯夫公司复合材料全球专利申请量呈略有增长的趋势；2015年，巴斯夫公司复合材料全球专利申请量减少；2016—2018年，巴斯夫公司复合材料全球专利申请量呈稳步增长趋势；从2019年开始，巴斯夫公司复合材料全球专利申请量逐年减少。

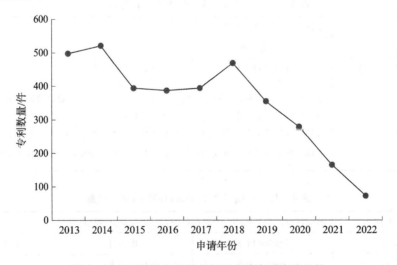

图4－25　巴斯夫公司复合材料全球专利申请趋势

4.10.4.2　专利法律状态

图 4－26 展示的是巴斯夫公司复合材料全球专利法律状态分布。其中，失效专利 7585 件，占比 60.1%；有效专利 2170 件，占比 17.2%；法律状态未知的专利 1227 件，占比 9.7%；PCT 指定期满专利 940 件，占比 7.5%；审中专利 617 件，占比 4.9%；PCT 指定期内专利 74 件，占比 0.6%。

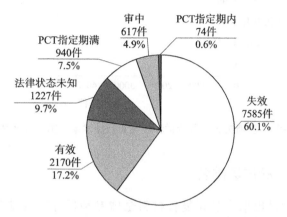

图 4－26　巴斯夫公司复合材料全球专利法律状态分布

4.10.4.3　专利类型

图 4－27 展示的是巴斯夫公司复合材料全球专利类型分布。其中，发明专利 12546 件，占比 99.5%；实用新型专利 67 件，占比 0.5%。

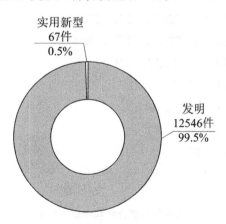

图 4－27　巴斯夫公司复合材料全球专利类型分布

4.10.4.4　专利技术来源国家或地区排名

图 4－28 展示的是巴斯夫公司复合材料全球专利技术来源国家或地区排名，可以看出，巴斯夫公司复合材料专利技术的主要来源是德国和欧洲专利局。

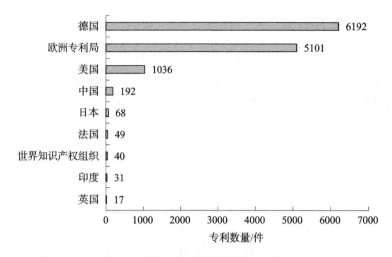

图 4 - 28 巴斯夫公司复合材料全球专利技术来源国家或地区排名

4.10.4.5 专利目标市场排名

图 4 - 29 展示的是巴斯夫公司复合材料全球专利目标市场排名情况。可以看出，德国、欧洲专利局、美国、日本、世界知识产权组织是巴斯夫公司复合材料专利的主要布局所在。

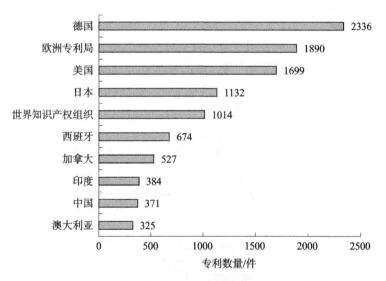

图 4 - 29 巴斯夫公司复合材料全球专利目标市场排名

4.10.4.6 专利技术构成分析

图 4 - 30 展示的是巴斯夫公司复合材料全球专利技术构成情况。可以看出，绝大多数专利属于 C08G18（异氰酸酯类或异硫氰酸酯类的聚合产物）、C08J9（高分子物质加工成多孔或蜂窝状制品或材料：它们的后处理）大组技术领域。

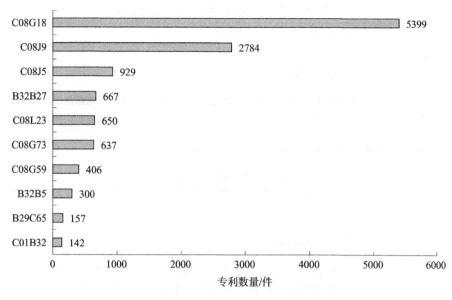

图 4 - 30　巴斯夫公司复合材料全球专利技术构成

4.10.4.7　高被引专利

对巴斯夫公司复合材料全球专利按被引证次数从高到低检索，列出排名前十位的高被引专利详细信息，见表 4 - 33 ～表 4 - 42。

表 4 - 33　申请号为 WOEP09059014 的专利信息

专利名称	基于热塑性聚氨酯和苯乙烯聚合物的热塑性聚合物共混物、由其制备的泡沫和相关的制造方法		
申请号	WOEP09059014	申请日	2009/7/15
公开（公告）号	WO2010010010A1	公开（公告）日	2010/1/28
摘要	本发明涉及一种含有发泡剂的可膨胀的热塑性聚合物共混物，所述共混物包括热塑性聚氨酯和苯乙烯聚合物，任选至少一种其他热塑性聚合物；一种用于制造所述热塑性聚合物共混物的方法、一种基于热塑性聚合物共混物制造的泡沫以及制造所述泡沫的方法		

表 4 - 34　申请号为 WOEP08050172 的专利信息

专利名称	由发泡的热塑性弹性体和聚氨酯组成的混合体系		
申请号	WOEP08050172	申请日	2008/1/9
公开（公告）号	WO2008087078A1	公开（公告）日	2008/7/24
摘要	本发明涉及一种含有由热塑性聚氨酯发泡颗粒和聚氨酯组成的基质的混合材料，以及生产这种类型的混合材料的方法。本发明还涉及所述混合材料在自行车鞍座、填料和鞋底中的用途		

表 4 – 35　申请号为 US12521875 的专利信息

专利名称	由发泡热塑性弹性体和聚氨酯组成的混合体系		
申请号	US12521875	申请日	2008/1/9
公开（公告）号	US20100047550A1	公开（公告）日	2010/2/25
摘要	本发明涉及一种混合材料，其包括聚氨酯基质和热塑性聚氨酯泡沫颗粒。本发明还涉及一种生产这种混合材料的方法，以及这些混合材料在自行车鞍座、内饰和鞋底中的用途		

表 4 – 36　申请号为 WOEP08056015 的专利信息

专利名称	芳族聚脲制成的干凝胶		
申请号	WOEP08056015	申请日	2008/5/16
公开（公告）号	WO2008138978A1	公开（公告）日	2008/11/20
摘要	本发明涉及一种干凝胶，所述干凝胶包含：30%～90％（重量百分比，后同）的至少一种多官能异氰酸酯的单体组分（a1）和10%～70％的选自4，4'–二氨基二苯基甲烷、2，4'–二氨基二苯甲烷、2'–二胺基二苯基甲烷和低聚二氨基二苯甲烷的至少一个多官能芳族胺的单体组分（a2），所述单体组分（a1）和（a2）的重量百分比之和为100％，并且所述单体组分以聚合物形式存在于所述干凝胶中；本发明进一步涉及生产干凝胶的方法、由此获得的干凝胶以及所述干凝胶作为绝缘材料和在真空绝缘板中的用途		

表 4 – 37　申请号为 WOEP14071595 的专利信息

专利名称	用于生产膨胀的热塑性弹性体颗粒的方法		
申请号	WOEP14071595	申请日	2014/10/9
公开（公告）号	WO2015052265A1	公开（公告）日	2015/4/16
摘要	生产膨胀热塑性弹性体颗粒的方法，所述热塑性橡胶颗粒被气态介质包围，所述方法包括：a）浸渍步骤，所述气态介质处于浸渍温度（T_a），气态介质的绝对压力大于环境压力，并且发泡剂溶解在所述热塑性弹性体颗粒中；b）膨胀步骤，所述热塑性弹性体颗粒在第一膨胀温度（T_L）下暴露于减压并膨胀；以及c）任选地，焊接步骤，所述膨胀的热塑性弹性体颗粒在焊接温度（T_c）下彼此焊接以形成至少一个成形部分，并且所述热塑性弹性体颗粒由无定形热塑性塑料弹性体或部分结晶热塑性树脂弹性体或其混合物组成，所述浸渍温度（T_a）、第一膨胀温度（T_b）和焊接温度（T_c）取决于热塑性弹性体的类型；以及 i）如果热塑性弹性体是无定形的，则高于第一极限温度（T_{G-40}），其中所述第一极限温度（T_{G-40}）比根据 DIN EN ISO 11357 – 2：2013 – 09 的所述未浸渍的热塑性弹性体颗粒的玻璃化转变温度（T_G）低40℃，高于根据 DIN EN ISO 11357 – 2：2013 – 09 的非浸渍热塑性弹性体颗粒的玻璃化转变温度（T_G），并且低于第二极限温度（T_{S-5}），该第二极限温为低于根据 DIN EN ISO 11357 – 3：2013 – 04 的未浸渍热塑性弹性体颗粒的熔融温度（T_S）5℃		

表 4 - 38　申请号为 WOEP07062143 的专利信息

专利名称	用于制造柔性聚氨酯泡沫的方法		
申请号	WOEP07062143	申请日	2007/11/9
公开（公告）号	WO2008058913A1	公开（公告）日	2008/5/22
摘要	本发明提供了一种方法，用于通过反应制造柔性聚氨酯泡沫：a）多异氰酸酯与 b）具有至少两个与异氰酸酯基团反应的氢原子的化合物反应，在 c）发泡剂的存在下，其特征在于，组分 b）包括至少一种聚乙碳酸脂多元醇 bi），可通过使用 DMC 催化剂将二氧化碳和氧化烯添加到 H - 官能起始物质来制备，所述 DMC 催化剂具有至少为 2 的官能度、$10\sim500$ mgKOH/g 的羟基值和至少 2%（重量百分比）的以碳酸酯单元形式引入的二氧化碳含量		

表 4 - 39　申请号为 EP03790810 的专利信息

专利名称	低排放聚氨酯软泡沫的生产方法		
申请号	EP03790810	申请日	2003/7/24
公开（公告）号	EP1537159A1	公开（公告）日	2005/6/8
摘要	本发明提供了一种方法，用于生产低排放柔性聚氨酯软泡沫：通过 a）多异氰酸酯与 b）具有至少两个与异氰酸酯基团反应的氢原子的化合物和 c）发泡剂的反应制备，所述方法具有减少气味和减少雾化的特征。具有至少两个与异氰酸酯基团反应的氢原子的化合物 b）由聚醚醇表示，所述聚醚醇通过使用 DMC 催化剂将氧化烯添加到由后膨胀原料制成的化合物中而产生		

表 4 - 40　申请号为 WOEP11069992 的专利信息

专利名称	鞋底新型阻尼元件		
申请号	WOEP11069992	申请日	2011/11/14
公开（公告）号	WO2012065926A1	公开（公告）日	2012/5/24
摘要	本发明涉及一种生产鞋底的方法，该鞋底包括由作为基质材料的聚氨酯泡沫和热塑性聚氨酯泡沫颗粒制成的混合材料。将连接的热塑性聚氨酯泡沫颗粒放置在模具中，并用反应混合物包埋嵌入，所述反应混合物可通过将（a）多异氰酸酯与（b）具有对异氰酸酯反应的氢原子的化合物，并且如果合适，与（d）扩链剂和/或交联剂，以及与（e）催化剂和（f）发泡剂，以及（g）另外的添加剂，并使反应混合物反应得到鞋底。本发明还涉及可通过这种方法获得的鞋底		

表 4 - 41　申请号为 WOEP08060941 的专利信息

专利名称	聚脲干凝胶		
申请号	WOEP08060941	申请日	2008/8/21
公开（公告）号	WO2009027310A1	公开（公告）日	2009/3/5
摘要	本发明涉及一种干凝胶，所述干凝胶包含 20%～90%（重量百分比，后同）的由至少一种多官能异氰酸酯制成的单体组分（a1）和 10%～80% 由至少一个多官能脂族胺制成的单体组分（a2），其中单体组分（a1）与（a2）的重量百分比之和为 100%，单体组分以聚合物形式存在于干凝胶中，干凝胶的体积加权平均孔径不超过 $5\mu m$。本发明进一步涉及生产干凝胶的方法、由此获得的干凝胶，以及干凝胶作为绝缘材料和在真空绝缘板中的用途		

表 4-42　申请号为 WOEP07063069 的专利信息

专利名称	用于生产多异氰酸酯的方法		
申请号	WOEP07063069	申请日	2007/11/30
公开（公告）号	WO2008068198A1	公开（公告）日	2008/6/12
摘要	本发明涉及一种通过低聚异氰酸酯生产多异氰酸酯的方法		

4.10.5　科思创德国公司

科思创德国公司（COVESTRO DEUTSCHLAND AG）是一家总部位于德国勒沃库森的高分子材料制造企业，成立于 2015 年。科思创德国公司是全球领先的聚碳酸酯制造商之一，主要业务包括生产和销售高性能聚合物、聚氨酯、涂料、胶黏剂和特种化学品等。

科思创德国公司的产品广泛应用于汽车、建筑、电子、家具、医疗和体育器材等领域，涉及人们日常生活的各个方面。作为一家注重可持续发展的企业，科思创德国公司积极推动环保和资源节约，努力推广循环经济和可再生能源，为建设一个更加可持续发展和环境友好的世界做出了积极贡献。

科思创德国公司在全球范围内拥有广泛的业务和销售网络，涉及包括欧洲、亚洲、美洲和非洲在内的多个国家和地区。该公司不断创新和投资于研发，努力提供更优质的产品和服务，为客户和社会创造更大的价值。

4.10.5.1　专利申请趋势

图 4-31 展示的是科思创德国公司复合材料全球专利申请量在 2013—2022 年的发展趋势。通过申请趋势可以从宏观层面把握科思创德国公司在这一阶段的复合材料专

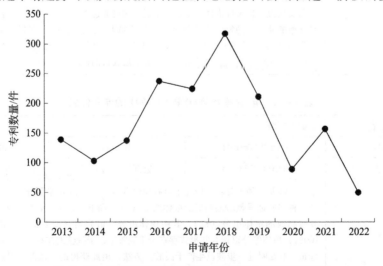

图 4-31　科思创德国公司复合材料全球专利申请趋势

利申请热度变化。2013—2014 年，科思创德国公司在全球复合材料领域的专利申请量略有减少；2015—2018 年，申请量快速增加（2017 年略有减少）；2019—2020 年，申请量逐年减少；2021 年申请量有所增加；2022 年，申请量有所减少。

4.10.5.2　专利法律状态

图 4 - 32 展示的是科思创德国公司复合材料全球专利法律状态分布。其中，失效专利 2179 件，占比 51.9%；有效专利 1119 件，占比 26.7%；审中专利 359 件，占比 8.6%；PCT 指定期满专利 323 件，占比 7.7%；法律状态未知的专利 126 件，占比 3.0%；PCT 指定期内专利 88 件，占比 2.1%。

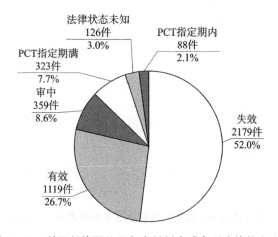

图 4 - 32　科思创德国公司复合材料全球专利法律状态分布

4.10.5.3　专利类型

图 4 - 33 展示的是科思创德国公司复合材料全球专利类型分布。其中，发明专利 4183 件，占比 99.7%；实用新型专利 11 件，占比 0.3%。

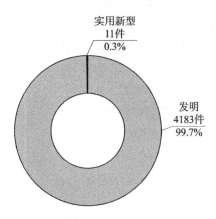

图 4 - 33　科思创德国公司复合材料全球专利类型分布

4.10.5.4 专利技术来源国家或地区排名

图4-34展示的是科思创德国公司复合材料全球专利技术来源国家或地区排名。可以看出，科思创德国复合材料专利技术的主要来源是德国、欧洲专利局。

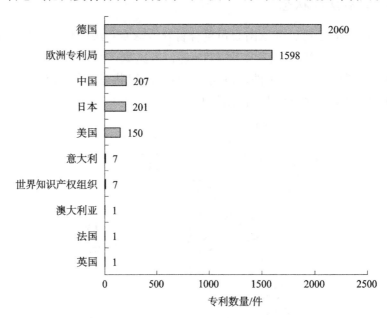

图4-34 科思创德国公司复合材料全球专利技术来源国家或地区排名

4.10.5.5 专利目标市场排名

图4-35展示的是科思创德国公司复合材料全球专利目标市场排名情况。可以看出，欧洲专利局、美国、德国是科思创德国公司复合材料专利的主要布局所在。

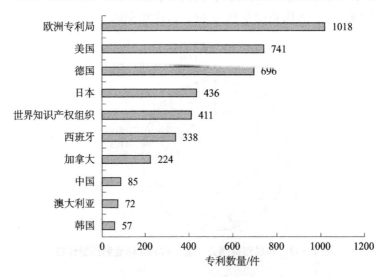

图4-35 科思创德国公司复合材料全球专利目标市场排名

4.10.5.6　专利技术构成分析

图 4 - 36 展示的是科思创德国公司复合材料全球专利技术构成情况。可以看出，绝大多数专利属于 C08G18（异氰酸酯类或异硫氰酸酯类的聚合产物）、B32B27（实质上由合成树脂组成的层状产品）大组技术领域。

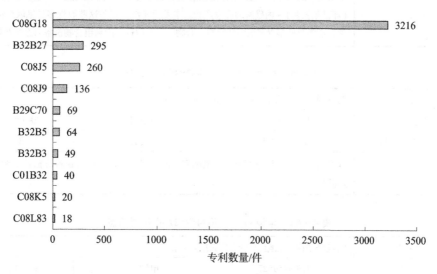

图 4 - 36　科思创德国公司复合材料全球专利技术构成

4.10.5.7　高被引专利

对科思创德国公司复合材料全球专利按被引证次数从高到低检索，列出排名前十位的高被引专利详细信息，见表 4 - 43 ～表 4 - 52。

表 4 - 43　申请号为 US08822072 的专利信息

专利名称	含亚氨基二嗪二酮基的异氰酸酯三聚体及其制备方法和用途		
申请号	US08822072	申请日	1997/4/30
公开（公告）号	US5914383A	公开（公告）日	1999/6/22
摘要	本发明涉及含有异氰酸酯三聚体的多异氰酸酯混合物，条件是： ⅰ ）30% ～ 100%（摩尔百分比，后同）的三聚体是亚氨基二嗪二酮 B 和 ⅱ ）0 ～ 70% 的三聚体是异氰脲酸酯 A， ⅲ ）小于 10% 的多异氰酸酯混合物是脲酮亚胺结构类型，和 ⅳ ）三聚体 A 和 B 的摩尔百分数之和与脲二酮的摩尔百分数之比大于 4：1，其中 R1、R2 和 R3 相同或不同，并且表示通过从 NCO 含量小于 70% 的脂族、脂环族、芳族和/或芳脂族异氰酸酯和/或其低聚物中除去异氰酸酯基团而获得的基团。本发明也涉及这些异氰酸酯三聚体、这些异氰酸酯三聚体与其他多异氰酸酯的混合物以及含有这些异氰酸酯三聚体的组合物的制备方法，其中异氰酸酯基团可任选地被封端剂封端，以及含有两个或多个异氰酸酯反应性基团的化合物		

表 4 – 44　申请号为 US10276344 的专利信息

专利名称	改性多异氰酸酯		
申请号	US10276344	申请日	2002/11/14
公开（公告）号	US20040034162B2	公开（公告）日	2004/7/27
摘要	本发明涉及改性多异氰酸酯，其是多异氰酸酯与 2 –（环己基氨基）– 乙磺酸和/或 3 –（环己基氨基）– 丙磺酸的反应产物。本发明还涉及制备这些改性多异氰酸酯的方法、含有这些改性多异氰酸酯的涂料组合物，以及由这些涂料组合物制备的涂覆基材		

表 4 – 45　申请号为 US09937835 的专利信息

专利名称	施胶剂用自交联聚氨酯、聚氨酯聚脲或聚脲分散体		
申请号	US09937835	申请日	2001/9/28
公开（公告）号	US6586523B1	公开（公告）日	2003/7/1
摘要	本发明涉及自交联聚氨酯、聚氨酯聚脲或聚脲分散体，以及这种分散体的制备方法及其用途		

表 4 – 46　申请号为 US09459527 的专利信息

专利名称	脂族热塑性聚氨酯、其制备方法及其用途		
申请号	US09459527	申请日	1999/12/13
公开（公告）号	US6518389B1	公开（公告）日	2003/2/11
摘要	公开了一种包含脂族聚氨酯的热塑性组合物。根据 ISO4892，所述组合物的特征在于具有低于 20 的风化后黄色值和在风化 504h 之前和之后的良好的硬度和软化温度值		

表 4 – 47　申请号为 EP13196508 的专利信息

专利名称	含有二酮基基团的多异氰酸酯		
申请号	EP13196508	申请日	2013/12/10
公开（公告）号	EP2883895A1	公开（公告）日	2015/6/17
摘要	本发明涉及一种多异氰酸酯的制造方法，包括使异氰酸酯组分在所述的存在下，单 – 或多核络合物钛，锆和/或铪为催化剂，得到 iminooxadiazinedione 组的多异氰酸酯具有含量 ≥20mol%，基于异氰脲酸酯和 iminooxadiazinedione 基团的总量。本发明还提供了通过该方法获得的多异氰酸酯、根据本发明和两个反应获得的聚氨酯和聚脲的多异氰酸酯与至少一种羟基官能或氨基官能组合物		

表 4 – 48　申请号为 US10030029 的专利信息

专利名称	聚氨酯分散体		
申请号	US10030029	申请日	2002/2/27
公开（公告）号	US6559225B1	公开（公告）日	2003/5/6
摘要	本发明涉及水性涂料用黏合剂、其制备方法及其在漆和涂料中的应用		

表 4 - 49　申请号为 WOEP15063916 的专利信息

专利名称	使用热塑性聚氨酯粉末		
申请号	WOEP15063916	申请日	2015/6/22
公开（公告）号	WO2015197515A1	公开（公告）日	2015/12/30
摘要	本发明涉及使用热塑性聚氨酯粉末在基于粉末的生产弹性制品的制造方法中的用途		

表 4 - 50　申请号为 US12100828 的专利信息

专利名称	具有高折射率芳香族聚氨酯丙烯酸酯		
申请号	US12100828	申请日	2008/4/10
公开（公告）号	US20080312403A1	公开（公告）日	2008/12/18
摘要	本发明涉及具有高折射率的新型芳族聚氨酯（甲基）丙烯酸酯、其制备方法和全息介质的制备方法		

表 4 - 51　申请号为 US09581139 的专利信息

专利名称	制备和使用表面失活的固体多异氰酸酯和具有官能团的分散聚合物的储存稳定的潜在反应性层或粉末的方法		
申请号	US09581139	申请日	2000/6/9
公开（公告）号	US6348548B1	公开（公告）日	2002/2/19
摘要	本发明涉及制备表面失活的固体多异氰酸酯和异氰酸酯反应性聚合物的分散体或水溶液的储存稳定的潜在反应性层和粉末的方法，所述固体多异氰酸酯和分散体或水溶液可用作黏合剂和覆盖物。所述分散体、悬浮液或水溶液可以以合适的形式施加到基材上。然后可以在低于异氰酸酯反应温度的温度下除去水，并且该操作可以在高于聚合物软化温度的温度下进行。在环境温度下，该方法产生干燥且基本上无水的层，该层是储存稳定的，并且可以在多异氰酸酯反应温度下与聚合物反应。高于表面失活的固体多异氰酸酯的反应温度的温度的影响导致产生通过反应与聚合物的官能团的层交联，所述层显示出高耐热性和高化学储存稳定性。这些层状或粉末状的潜在反应产物可用于制造胶合组件和覆盖物		

表 4 - 52　申请号为 US11401042 的专利信息

专利名称	UV 稳定的聚碳酸酯模制品		
申请号	US11401042	申请日	2006/4/10
公开（公告）号	US20060234061A1	公开（公告）日	2006/10/19
摘要	本发明公开了片、膜或三维模制品形式的多层产品。所述产品包括第一层（A）和第二层（B），所述第一层（A）的厚度为 $1\mu m \sim 2mm$，所述第一层（A）含有聚（甲基）丙烯酸烷基酯和相对于所述第一层（A）的重量的 $0.01\% \sim 20\%$ 的紫外线稳定剂，所述第二层（B）含有聚碳酸酯。所述稳定剂符合式（I），其中 X 表示 OR1；OCH2CH2OR1；OCH2CH（OH）CH2OR1 或 OCH（R2）COOR3，R1 为支链或非支链 C1 - C13 烷基，C2 - C20 链烯基，C6 - C12 芳基或 - CO - C1 - C18 烷基，R2 为 H 或支链或非支链 C1 - C8 烷基，R3 为 C1 - C12 烷基；C2 - C12 链烯基或 C5 - C6 环烷基。该产品具有光学透明和耐黄变的特性，最适合于上釉应用		

第5章

机身结构领域专利分析

5.1 机身结构领域概况

1. 机身结构发展概况及研究背景

机身结构产业是航空制造业的重要组成部分，其主要业务涵盖了飞机机身的设计、制造、测试、维护等方面。机身结构是飞机的重要组成部分，需要具备足够的强度和刚度，以确保飞机的安全性和稳定性。

随着全球民用航空市场的不断扩大，机身结构产业也在持续发展壮大。机身结构产业的主要客户包括航空公司、航空制造商、政府机构等。其中，航空制造商是机身结构产业的主要客户之一，如波音、空客、庞巴迪等。此外，航空公司也是机身结构产业的重要客户。

在机身结构的生产过程中，涉及很多技术和材料。常用的材料包括铝合金、钛合金、碳纤维等，这些材料都需要通过高精度的制造工艺加工得到，以确保机身结构的质量和飞机的安全性。随着新材料和新工艺的不断推广应用，机身结构产业也在不断创新和进步。

总体来说，机身结构产业是一个不断发展和创新的产业，其在全球航空市场中发挥着至关重要的作用。随着全球航空市场的进一步扩大和技术的不断提升，机身结构产业也将继续保持良好的发展态势。

航空工业中机身结构的研究背景可以追溯到航空工业诞生之初。随着航空业的快速发展，人们对飞机的性能、安全性和舒适度的要求越来越高，对机身结构的研究也越来越重要。

机身结构是指飞机的主要载荷支撑结构，包括机身外皮、肋骨、腹板、框架、龙骨等组成部分。机身结构不仅要承受各种飞行载荷和地面操作载荷，还需要具备良好的耐久性、抗疲劳性和耐腐蚀性，以保证飞机的安全飞行和使用寿命。

随着航空业的不断发展，人们对飞机性能和效率的要求也越来越高，机身结构的研究也不断发展。例如，为了提高飞机的燃油效率，研究人员不断寻找更轻、更坚固的材料，如复合材料和钛合金，以减轻机身结构的重量。此外，还有一些新技术的出现，如 3D 打印技术和纳米材料技术，也正在用于机身结构的研究中。

总之，机身结构的研究是航空工业发展的重要组成部分，将持续不断地推动飞机性能、效率和安全性的提升。

2. 机身结构的发展历程

早期机身结构：早期的机身结构主要采用木质结构，这种结构轻便但缺乏强度和稳定性，因此很快被金属结构所取代。

金属机身结构：20 世纪 20 年代，机身结构开始采用金属材料，如铝合金、钢和镁合金等。这种结构更加坚固，能够承受更大的载荷，同时也更加耐用。

铝合金机身结构：随着飞机的速度和载荷的增加，机身结构也需要不断加强。在 20 世纪 50 年代，高强度铝合金得到广泛应用，进一步提高了飞机机身的强度和稳定性。

高新材料机身结构：20 世纪 70 年代以后，碳纤维、复合材料等新材料开始应用于飞机机身结构。这些材料具有高强度、高刚度和轻量化等特点，能够极大地提高飞机的性能和安全性。

应用先进制造技术的机身结构：随着机器人技术、3D 打印技术、大型复合材料自动化制造等先进制造技术的应用，飞机机身结构的生产和制造方式也得到了革命性的变革，制造效率和质量得到了极大的提升。

随着科技的不断进步，机身结构的发展历程经历了从木质结构到金属结构、从金属结构到高新材料结构的转变，同时也不断引入先进制造技术，未来机身结构的发展还将面临更加广阔的空间。

3. 机身结构的应用概况

机身结构是飞机的重要组成部分，不同类型的飞机具有不同的机身结构。下面是一些典型的机身结构及其应用情况。

金属结构：金属结构是最早和最常用的机身结构，其应用于传统的喷气式客机、货机和军用飞机。金属结构的特点是强度高、可靠性好，但重量比较重，不适合高速飞行的超音速飞机。

复合材料结构：先进复合材料具有比强度和比刚度高、耐腐蚀性好以及抗疲劳特性好等优点。目前民用飞机复合材料的应用比例显著增加，尤其是从波音 787 和空客 A350 的研制开始，复合材料在民用运输机上的应用从次级结构和尾翼部件向机身机翼主结构扩展的趋势愈发明显❶。

翼身一体化结构：翼身一体化结构是一种集机身和机翼于一体的设计，其应用于部分现代的战斗机和商用飞机中。翼身一体化结构的特点是减少了机身和机翼之间的连接部分，减轻了重量和阻力，同时提高了飞行性能。

混合结构：混合结构是将金属结构和复合材料结构相结合的一种设计，其应用于部分现代的客机和军用飞机中。混合结构的特点是兼具金属结构和复合材料结构的优

---

❶ 邓蓉. 先进结构技术在民机机身结构上的应用前景［J］. 科技视界，2016（13）：145.

点，能够达到更好的强度、轻量化和经济性。

随着科技的发展和应用，机身结构的应用越来越多样化，越来越适应不同类型飞机的需求。

4. 机身结构的研究意义

提高飞机的性能：机身结构的设计和优化能够使飞机具有更好的飞行性能和经济性，例如减少飞机的阻力和重量，提高飞行速度和航程等。

提高飞机的安全性：机身结构的强度和稳定性对于飞机的安全具有决定性的作用，因此研究机身结构的材料、制造工艺、设计方法等，能够提高飞机的安全性和可靠性。

推动新材料的应用：机身结构是新材料应用的主要领域之一，研究机身结构的材料特性、制造工艺和设计方法等，能够推动新材料的应用和发展，提高材料的性能和使用寿命。

促进飞机制造技术的进步：机身结构的制造工艺和技术对于飞机制造的效率和质量具有重要的影响，研究机身结构的制造技术和工艺，能够促进飞机制造技术的进步，提高生产效率和质量。

推动航空产业的发展：研究机身结构的设计、制造、测试和维护等方面，能够推动航空产业的发展，促进产业升级和转型。

机身结构的研究对于提高飞机的性能和安全性、推动新材料的应用和发展、促进制造技术的进步以及推动航空产业的发展等方面具有重要的意义。

5.2 全球专利申请趋势

图 5-1 展示的是 2013—2022 年机身结构全球专利申请量的发展趋势。通过申请趋势可以从宏观层面把握这一阶段的机身结构全球专利申请热度变化。2012—2018 年，

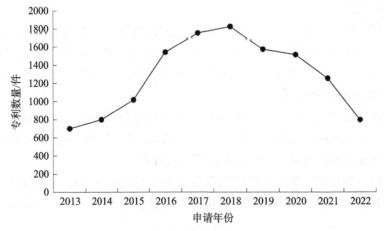

图 5-1 机身结构全球专利申请趋势

机身结构全球专利申请量呈快速增加趋势，2012 年全球专利申请量为 701 件，2018 年当年专利申请量达 1826 件。2018—2022 年，机身结构全球专利申请量呈快速减少趋势，2019 年全球专利申请量为 1575 件，2022 年全球专利申请量为 797 件。

5.3　全球专利主要来源国家或地区

图 5-2 展示了机身结构全球专利在各个主要申请国家或地区的数量分布情况。通过该图可以了解机身结构领域不同国家或地区技术创新的活跃情况，从而发现主要的技术创新来源地区。中国、美国、德国是机身结构全球专利重点申请国家，分别为 6582 件、2357 件、748 件。紧跟其后的是韩国 589 件、法国 578 件。企业可以跟踪、引进和消化相关领域技术，在此基础上实现技术突破。

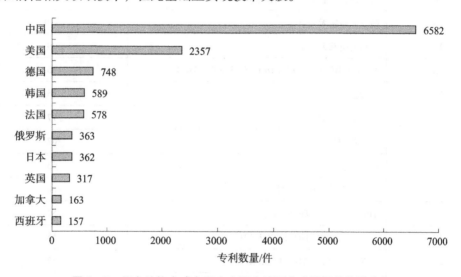

图 5-2　机身结构全球专利在主要申请国家或地区的数量分布

5.4　全球专利申请人排行

表 5-1 展示的是按照所属申请人（专利权人）的专利数量统计的机身结构全球专利主要申请人排名情况。AIRBUS OPERATIONS GMBH、AIRBUS OPERATIONS SAS、THE BOEING COMPANY 是机身结构领域专利重点申请人，数量分别为 2602 件、1145 件、331 件。紧跟其后的是深圳市大疆创新科技有限公司 182 件、BELL HELICOPTER TEXTRON INC. 162 件。企业可以跟踪、引进和消化相关领域技术，在此基础上实现技术突破。

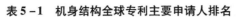

表 5-1 机身结构全球专利主要申请人排名

序号	申请人	专利数量/件
1	AIRBUS OPERATIONS GMBH	2602
2	AIRBUS OPERATIONS SAS	1145
3	THE BOEING COMPANY	331
4	深圳市大疆创新科技有限公司	182
5	BELL HELICOPTER TEXTRON INC.	162
6	中国航空工业集团公司西安飞机设计研究所	147
7	BOMBARDIER INC.	141
8	SZ DJI TECHNOLOGY CO., LTD.	131
9	佛山市神风航空科技有限公司	128
10	南京航空航天大学	119
11	北京航空航天大学	99
12	AIRBUS HELICOPTERS DEUTSCHLAND GMBH	95
13	波音公司	85
14	西北工业大学	77
15	BOEING CO.	67
16	LATECOERE	63
17	广州极飞科技有限公司	60
18	AIRBUS OPERATIONS S L	57
19	AIRBUS OPERATIONS LIMITED	55
20	GENERAL ELECTRIC COMPANY	52
20	BAE SYSTEMS PLC	52
22	中国商用飞机有限责任公司	50
23	中国航空工业集团公司沈阳飞机设计研究所	49
23	AUTEL ROBOTICS CO., LTD.	49
25	深圳市道通智能航空技术有限公司	48
25	重庆金泰航空工业有限公司	48
27	AIRBUS HELICOPTERS	47
28	空中客车运营简化股份公司	45
29	AEROVIRONMENT INC.	43
30	江西洪都航空工业集团有限责任公司	40

5.5　国内专利类型分布

图 5 - 3 展示的是机身结构国内专利类型分布。经过检索，获得机身结构国内的专利共 6582 件。其中，实用新型 3418 件，占总数的 51.9%；发明申请 3152 件，占总数的 47.9%；发明授权 12 件，占总数的 0.2%。

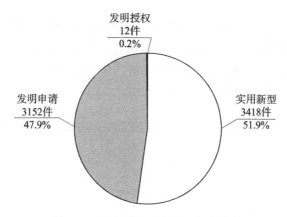

图 5 - 3　机身结构国内专利类型分布

5.6　国内专利申请趋势

图 5 - 4 展示的是 2013—2022 年机身结构国内专利申请量的发展趋势。通过申请趋势可以从宏观层面把握这一阶段的机身结构国内专利申请热度变化。2013—2017 年，

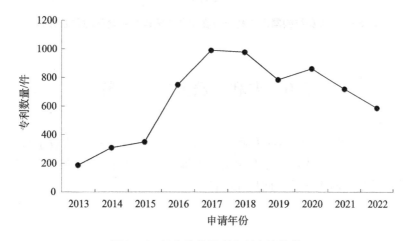

图 5 - 4　机身结构国内专利申请趋势

机身结构国内专利申请量呈快速增长趋势，2013 年国内专利申请量为 187 件，2017 年国内专利申请量为 991 件。从 2018 年开始，机身结构国内专利申请量呈波动减少趋势，2018 年国内专利申请量为 977 件，2019 年国内专利申请量为 784 件，2020 年国内专利申请量有所回升，为 861 件，此后国内专利申请量逐年减少。

5.7 国内专利申请人国家或地区分布

图 5-5 展示了机身结构国内专利在主要申请国家或地区的数量分布情况。通过该图可以了解不同国家或地区在国内的技术创新活跃情况，从而发现主要的技术创新来源地区。中国、美国、德国是机身结构国内专利申请重点国家，数量分别为 6202 件、175 件、75 件。紧跟其后的是法国 67 件、加拿大 28 件。

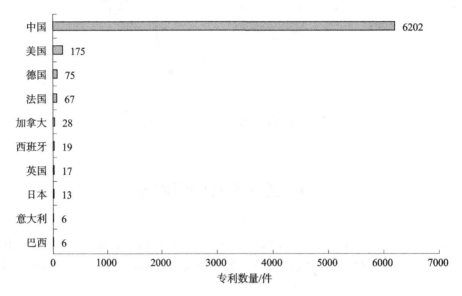

图 5-5　机身结构国内专利申请在主要申请国家或地区的数量分布

5.8 专利申请人省份分布

图 5-6 展示了机身结构国内专利在国内各个专利申请省份的数量分布情况。广东、江苏、北京是机身结构国内专利申请重点地区，数量分别为 1335 件、703 件、694 件。紧跟其后的是陕西 479 件、四川 350 件。

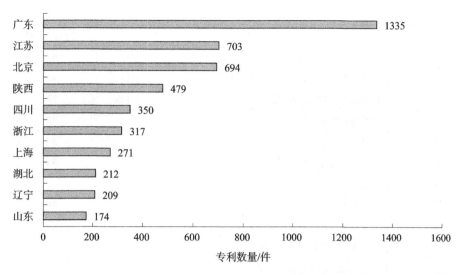

图 5-6 机身结构国内专利在主要申请省份的数量分布

5.9 国内专利申请人排名

表 5-2 展示的是按照所属申请人（专利权人）的专利数量统计的机身结构国内专利主要申请人排名情况。深圳大疆创新科技有限公司、中国航空工业集团公司西安飞机设计研究所、佛山市神风航空科技有限公司是机身结构领域国内专利重点申请人，数量分别为 182 件、147 件、128 件。紧跟其后的是南京航空航天大学 119 件、北京航空航天大学 99 件。

表 5-2 机身结构国内专利主要申请人排名

排名	申请人	专利数量/件
1	深圳大疆创新科技有限公司	182
2	中国航空工业集团公司西安飞机设计研究所	147
3	佛山市神风航空科技有限公司	128
4	南京航空航天大学	119
5	北京航空航天大学	99
6	波音公司	85
7	西北工业大学	77
8	广州极飞科技有限公司	60
9	中国商用飞机有限责任公司	50
10	中国航空工业集团公司沈阳飞机设计研究所	49
11	重庆金泰航空工业有限公司	48
11	深圳市道通智能航空技术有限公司	48

排名	申请人	专利数量/件
13	空中客车运营简化股份公司	45
14	江西洪都航空工业集团有限责任公司	40
15	沈阳旋飞航空技术有限公司	37
16	易瓦特科技股份公司	36
17	吉林大学	34
18	广州极飞科技股份有限公司	33
19	浙江大学	32
20	北京理工大学	31
21	北京京东尚科信息技术有限公司	30
21	空中客车运营有限责任公司	30
21	北京京东世纪贸易有限公司	30
21	中国航天空气动力技术研究院	30
25	中国商用飞机有限责任公司上海飞机设计研究院	28
25	中国民航大学	28
27	中国直升机设计研究所	26
27	郑州航空工业管理学院	26
27	北京京东乾石科技有限公司	26
27	哈尔滨工业大学	26

5.10　重点申请人分析

5.10.1　波音公司

5.10.1.1　专利申请趋势

图 5-7 展示的是波音公司（THE BOEING COMPANY）机身结构全球专利申请量在 2013—2022 年的发展趋势。通过申请趋势可以从宏观层面把握波音公司在这一阶段的机身结构全球专利申请热度变化。2013—2022 年，波音公司机身结构全球专利申请量呈波动下降趋势。其中，虽然 2014 年较 2013 年的 29 件全球专利申请量有所增加，但在 2015—2016 年两年中迅速减少，2016 年全球专利申请量减至 13 件；2017 年全球专利申请量又有所回升，为 17 件；2018—2020 年三年中，全球专利申请量连续下跌，2020 年跌至个位数 5 件；2021 年，全球专利申请量回升至 16 件；2022 年的全球专利

申请量减少至 2 件。

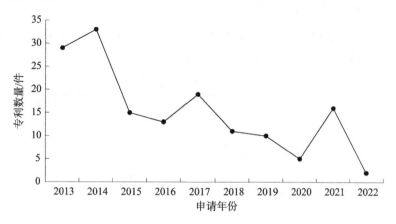

图 5－7　波音公司机身结构全球专利申请趋势

5.10.1.2　专利法律状态

图 5－8 展示的是波音公司机身结构全球专利法律状态分布。其中，PCT 指定期满专利 145 件，占比 43.8%；审中专利 48 件，占比 14.5%；有效专利 47 件，占比 14.2%；法律状态未知的专利 46 件，占比 13.9%；失效专利 45 件，占比 13.6%。

5.10.1.3　专利类型

图 5－9 展示的是波音公司在机身结构全球专利类型分布。由图可以看出，该公司在机身结构领域的专利分别为发明专利 324 件，占比 97.9%；实用新型专利 7 件，占比 2.1%。

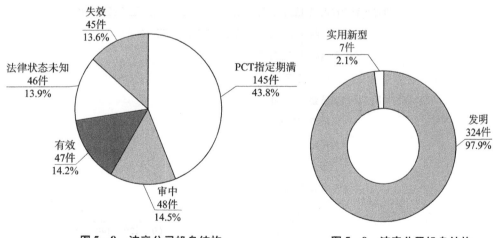

图 5－8　波音公司机身结构
全球专利法律状态分布

图 5－9　波音公司机身结构
全球专利类型分布

5.10.1.4 专利技术来源国家或地区排名

图 5-10 展示的是波音公司机身结构全球专利技术来源国家或地区排名。可以看出，波音公司机身结构全球专利技术主要来源国是美国。

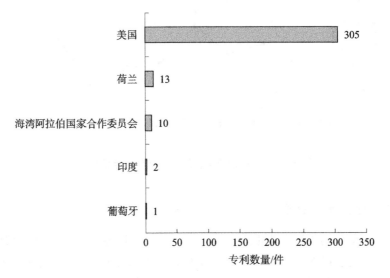

图 5-10 波音公司机身结构全球专利技术来源国或地区排名

5.10.1.5 专利目标市场排名

图 5-11 展示的是波音公司机身结构全球专利目标市场排名情况。可以看出，世界知识产权组织、巴西是波音公司机身结构专利的主要布局所在。

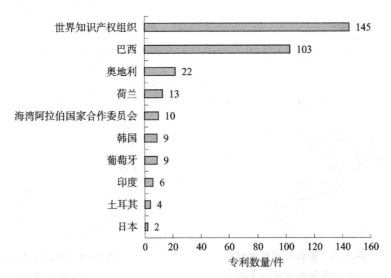

图 5-11 波音公司机身结构全球专利目标市场排名

5.10.1.6 专利技术构成分析

图 5-12 展示的波音公司机身结构全球专利技术构成情况。可以看出，绝大多数专利属于 B64C1（机身；机身，机翼，稳定面或类似部件共同的结构特征）、B64C3（机翼）大组技术领域。

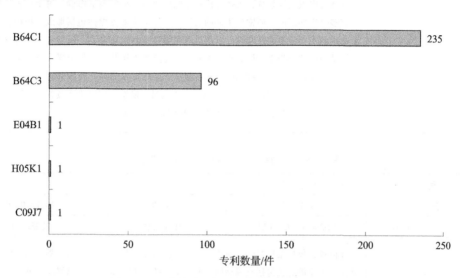

图 5-12 波音公司机身结构全球专利技术构成

5.10.1.7 高被引专利

对波音公司机身结构全球专利按被引证次数从高到低检索，列出排名前十位的高被引专利详细信息，见表 5-3～表 5-12。

表 5-3 申请号为 US10949848 的专利信息

专利名称	复合飞机机身和其他结构的拼接接头		
申请号	US10949848	申请日	2004/9/23
公开（公告）号	US20060060705A1	公开（公告）日	2006/3/23
摘要	本发明公开了用于将复合机身部分和其他面板组件连接在一起的结构和方法。在一个实施例中，根据本发明配置的壳体结构包括邻近第二面板部分定位的第一面板部分。所述第一面板部分可包括附接到第一复合蒙皮的第一加强件，且所述第二面板部分可包括附接到第二复合蒙皮的第二加强件。壳体结构还可以包括延伸穿过第一面板部分的第一边缘区域和第二面板部分的第二边缘区域的配件。所述配件的第一端部可连接到所述第一加强件和所述第一复合蒙皮，并且所述配件的第二端部可连接到第二加强件和第二复合蒙皮，以将所述第一面板部分连接到所述第二面板部分		

表 5 - 4　申请号为 US10171608 的专利信息

专利名称	商用飞机低成本、轻质地板设计		
申请号	US10171608	申请日	2002/6/14
公开（公告）号	US6554225B1	公开（公告）日	2003/4/29
摘要	一种飞机甲板支撑系统，包括连接到飞机机架的水平甲板支撑梁。每个甲板支撑梁具有多个机加工的、通常为 T 形的支撑件。每个 T 形支撑件包括形成在甲板支撑梁上弦中的水平凹槽或凸起表面以及形成在梁腹板中的 U 形孔。所述 T 形支撑件配合地接纳与所述甲板支撑梁垂直对准的交叉支撑梁连接凸缘。每个横向支撑梁包括在上端垂直连接到连接凸缘的腹板和在腹板下端的加强凸缘。腹板和加强凸缘都可以自由悬挂在 T 形支撑件的 U 形孔内。当连接时，横梁座落在 T 形支撑件上，使得横梁和甲板支撑梁都能在结构重量减轻的情况下产生最大弯矩		

表 5 - 5　申请号为 US10017732 的专利信息

专利名称	一种轻质高强机身		
申请号	US10017732	申请日	2001/10/30
公开（公告）号	US20030080251A1	公开（公告）日	2003/5/1
摘要	一种机身，包括蒙皮组件，所述蒙皮组件包括黏合到内部铝制倍增器上的外部层压蒙皮。所述机身还包括支撑结构，所述支撑结构包括多个纵向纵梁构件和多个环形框架构件，所述多个纵向纵梁构件和所述多个环形框架构件附接到所述蒙皮组件并协作以支撑所述蒙皮组件。所述铝制倍增器为所述机身，特别是所述蒙皮组件的外层蒙皮提供附加的结构支撑。由该铝制倍增器增加的附加结构强度允许使用改进范围的紧固件，例如刀刃、沉头铆钉，并且即使在具有大量切口的区域，例如机身的窗口轨道中，也允许层压材料层的使用。支撑结构的构件可以通过多个整体凸缘相互连接，当这些凸缘与蒙皮结合时，为整个机身提供改进的结构强度		

表 5 - 6　申请号为 US10376869 的专利信息

专利名称	提供透视飞行引导的控制系统		
申请号	US10376869	申请日	2003/2/27
公开（公告）号	US20030222887B2	公开（公告）日	2006/3/7
摘要	一种使用定位和地形信息提供透视飞行引导符号的飞行制导系统，提高了飞行员对飞机的情况感知。所述制导系统使用定位系统和详细地图绘制系统来提供用于飞行器中的透视显示。从而在驾驶员显示器上显示精确路径飞行引导（PFG）符号集。PFG 符号集包括代表开放通道并提供流场数据的虚线符号，半括号符号和加速飞行路径向量（QFPV）符号，其中半括号符号用于指示飞行器不再处于由虚线符号表示的开放通道中，加速飞行路径向量（QFPV）符号用于向飞行员提供预测飞行路径信息。一种飞行引导器系统和通道发生器组件，用于基于当前飞机状况（例如飞机位置）和存储的飞行路径信息来更新所显示的 PDFG 符号集		

表 5 – 7 申请号为 US11558735 的专利信息

专利名称	带帽加强件的复合材料飞机结构		
申请号	US11558735	申请日	2006/11/10
公开（公告）号	US20080111024A1	公开（公告）日	2008/5/15
摘要	一种用于飞机的复合面板结构，包括：帽形框架，所述帽形框架沿着飞机的长轴以间隔的平行关系同轴设置；内蒙皮，所述内蒙皮具有结合到帽形框架的外表面的内表面；多个细长帽形桁条，所述细长帽形桁条沿着内蒙皮的外表面以间隔的平行关系纵向设置，实心或刚性泡沫体偏移地结合到每个桁条的外表面；以及外蒙皮，所述外蒙皮具有结合到每个偏移件的上表面的内表面。内蒙皮承载结构的载荷，外蒙皮限定飞机的气动表面，并提供冲击和雷电保护。框架、内蒙皮和纵梁在一个成形工具上成形，并同时固化和黏接在一起		

表 5 – 8 申请号为 US10819084 的专利信息

专利名称	用于飞机机身和其他结构的结构板		
申请号	US10819084	申请日	2004/4/6
公开（公告）号	US20060226287A1	公开（公告）日	2006/10/12
摘要	本发明公开了用于制造飞机机身和其他结构的结构板。在一个实施例中，根据本发明配置的结构面板包括具有至少一个偏移表面的蒙皮。所述结构板还可包括至少第一和第二加强件。所述第一加强件可具有与邻近所述偏移表面的所述蒙皮配合的第一凸缘部分。所述第二加强件可以与所述第一加强件间隔开，并且可以类似地具有与邻近所述偏移表面的蒙皮配合的第二凸缘部分。本实施例的结构板还可以包括与第一加强件的第一凸缘部分、第二加强件的第二凸缘部分和蒙皮的偏移表面配合的支撑构件		

表 5 – 9 申请号为 US10708791 的专利信息

专利名称	一种高架料仓及纪念碑附着支撑系统		
申请号	US10708791	申请日	2004/3/25
公开（公告）号	US6883753B1	公开（公告）日	2005/4/26
摘要	一种用于飞行器（92）的纪念碑支撑系统（90），包括多个飞行器框架元件（16″）。一个适配器桥（93）连接到飞行器机架元件（16″）并具有多个连接点（20″）。一个连接件（110）连接到适配器桥（93）上。纪念碑（96）通过适配器桥（93）和连接构件（110）连接到框架元件（16″）		

表 5 – 10 申请号为 US10226922 的专利信息

专利名称	用于主要飞机结构的整体加强的轴向承载蒙皮板及其闭环制造方法		
申请号	US10226922	申请日	2002/8/23
公开（公告）号	US20040035979A1	公开（公告）日	2004/2/26
摘要	本发明提供了一种蒙皮面板，其包括轴向负载承载蒙皮和与所述轴向负载承载蒙皮一体接合的至少一个加强件。加强件包括纵梁、框架外弦和设置在蒙皮板的边缘附近的凸缘中的至少一个。所述蒙皮和所述至少一个加强件一体地形成为单个部件结构。因此，本发明提供了一种整体加强的轴向承载蒙皮板，适用于采用轴向承载蒙皮的各种飞机结构中的任何一种，例如机身、机翼、尾翼、压力舱壁、机翼穿过部分、逃生舱口、乘客门、货物门，以及检修舱口和面板等		

表 5 – 11 申请号为 US10071997 的专利信息

专利名称	一种架空网格支撑结构		
申请号	US10071997	申请日	2002/2/6
公开（公告）号	US6536710B1	公开（公告）日	2003/3/25
摘要	本发明公开了一种用于支撑商用飞机的中心储物舱、中心纪念碑、飞机系统和诸如乘务员休息的高架模块的设备和方法。使用架空网格支撑结构为乘客行李中心储物舱提供了有效的结构支撑系统，并且还提供了必要的架空空间以容纳模块，例如乘员休息，以及必要的飞机系统，包括管道、电线和电气设备。所述架空网格支撑结构还通过允许更多的系统（管道和电气）被预安装在后台车间，而不是在最终装配线中来简化飞机装配操作		

表 5 – 12 申请号为 US13925305 的专利信息

专利名称	模块化车辆举升系统		
申请号	US13925305	申请日	2013/6/24
公开（公告）号	US20140374532A1	公开（公告）日	2014/12/25
摘要	装置、系统和方法提供了一种用于提升和操纵有效载荷的模块化车辆系统。根据本公开的各方面，可以连接任何数量的单独的升降机车辆以创建统一的升降机车辆。叮以根据确定的提升阵列结构将各个提升运载工具彼此相邻地放置，并使用连接机构将各个提升运载工具连在一起。所述连接机构刚性地且可通信地连接所述单独的升降机运载工具，以创建适合于升降和操纵有效载荷的统一升降机运载工具		

5.10.2 空中客车运营有限责任公司

空中客车运营有限责任公司（AIRBUS OPERATIONS GMBH）是空客公司（AIRBUS SE）旗下的一家德国公司，成立于 2002 年。该公司是欧洲航空阵线的主要生产和制造中心之一，其业务包括设计、开发和制造商用飞机和航天器，以及提供相关服务和解决方案。

空中客车运营有限责任公司的主要产品包括 A320 系列、A330 系列、A350 系列和 A380 系列等商用飞机，以及 A400M 军用运输机等。该公司还制造航天器、卫星和相关系统，并进行太空技术领域研究和开发。

除了生产制造，空中客车运营有限责任公司还提供一系列相关的服务和解决方案，包括客户支持、维修、保养、升级和改装等。该公司还积极推进数字化转型和智能制造，以提高生产效率和产品质量，并加强与客户和供应商的协作，为客户提供更优质的产品和服务。

空中客车运营有限责任公司总部位于德国汉堡，并在德国其他地区和欧洲其他国家设有生产和制造基地。该公司在全球范围内拥有广泛的销售和服务网络，为客户提供全方位的支持和服务。

5.10.2.1　专利申请趋势

图 5-13 展示的是空中客车运营有限责任公司机身结构全球专利申请量在 2013—2022 年的发展趋势。通过申请趋势可以从宏观层面把握空中客车运营有限责任公司在这一阶段的机身结构专利申请热度变化。2013—2014 年，空中客车运营有限责任公司机身结构全球专利申请量呈略有减少趋势，2014 年的全球专利申请量为 88 件；2015 年和 2016 年，空中客车运营有限责任公司机身结构全球专利申请量连续两年呈缓慢增长趋势；2017 年，空中客车运营有限责任公司机身结构全球专利申请量突然减少至 67 件，2018 年又回升至 95 件；从 2019 年开始，空中客车运营有限责任公司机身结构全球专利申请量呈逐年减少趋势。

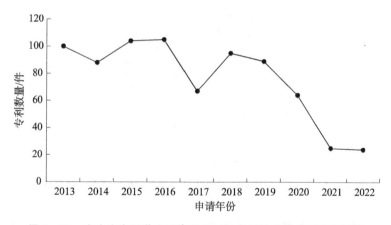

图 5-13　空中客车运营有限责任公司机身结构全球专利申请趋势

5.10.2.2　专利法律状态

图 5-14 展示的是空中客车运营有限责任公司的机身结构全球专利法律状态分布。其中，失效专利 1501 件，占比 57.69%；有效专利 801 件，占比 30.78%；PCT 指定期满专利 143 件，占比 5.49%；审中专利 129 件，占比 4.96%；法律状态未知的专利 27

件，占比 1.04%；PCT 指定期内专利 1 件，占比 0.04%。

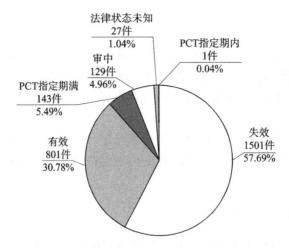

图 5-14 空中客车运营有限责任公司机身结构全球专利法律状态分布

5.10.2.3 专利类型

图 5-15 展示的是空中客车运营有限责任公司的机身结构全球专利类型分布。其中，发明专利 2596 件，占比 99.8%；实用新型专利 6 件，占比 0.2%。

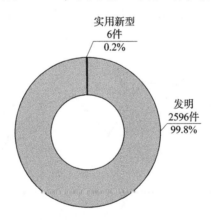

图 5-15 空中客车运营有限责任公司机身结构全球专利类型分布

5.10.2.4 专利技术来源国家或地区排名

图 5-16 展示的是空中客车运营有限责任公司机身结构全球专利技术来源国家或地区排名。可以看出，空中客车运营有限责任公司的机身结构全球专利技术主要来源国家或地区是德国、美国、欧洲专利局。

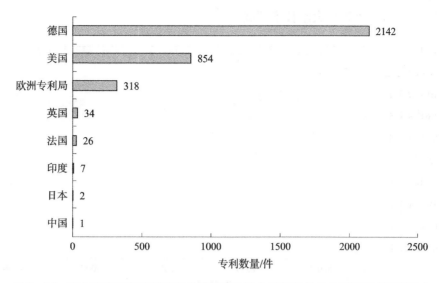

图 5-16 空中客车运营有限责任公司机身结构全球专利技术来源国家或地区排名

5.10.2.5 专利目标市场排名

图 5-17 展示的是空中客车运营有限责任公司机身结构全球专利目标市场排名情况。可以看出，美国、德国、欧洲专利局是空中客车运营有限责任公司机身结构全球专利的主要布局所在。

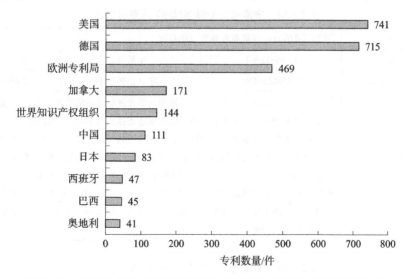

图 5-17 空中客车运营有限责任公司机身结构全球专利目标市场排名

5.10.2.6 专利技术构成分析

图 5-18 展示的空中客车运营有限责任公司机身结构全球专利技术构成情况。可以看出，绝大多数专利属于 B64C1（机身；机身，机翼，稳定面或类似部件共同的结

构特征）、B64C3（机翼）大组技术领域。

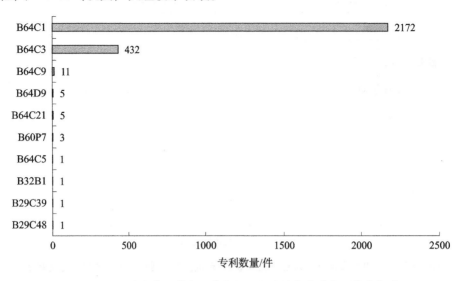

图5-18 空中客车运营有限责任公司机身结构全球专利技术构成

5.10.2.7 高被引专利

对空中客车运营有限责任公司机身结构全球专利按被引证次数从高到低检索，列出排名前十位的高被引专利详细信息，见表5-13～表5-22。

表5-13 申请号为US10812507的专利信息

专利名称	用于飞机的自适应襟翼和缝翼驱动系统		
申请号	US10812507	申请日	2004/3/29
公开（公告）号	US7048234B2	公开（公告）日	2006/5/23
摘要	一种驱动站，包括两个驱动器，所述驱动器通过驱动传输连接到襟翼/缝翼组的一个或多个襟翼或缝翼。所述驱动器可以机械地连接到旋转轴，所述旋转轴上设置有轴制动器。导向传动装置连接到轴上并连接到挡板/板条组的相应挡板或板条上。可选地，两个驱动器不是机械耦合的，而仅仅是电或电子同步的。各襟翼/缝翼组可通过由连接到驱动器和飞行控制器的中央控制单元提供的致动命令而独立地致动其他组。位置传感器提供实际位置反馈。每个挡板/板条由两个传动装置驱动，即两个驱动传动装置，或两个导向传动装置，或一个驱动传动装置和一个导向传动装置。如果组件发生故障，则确保冗余驱动路径		

表5-14 申请号为US12260165的专利信息

专利名称	碳纳米管组件		
申请号	US12260165	申请日	2008/10/29
公开（公告）号	US20090140098A1	公开（公告）日	2009/6/4
摘要	本发明涉及一种部件，特别是航空和航天领域中的部件，其具有树脂基体，其中嵌入碳纳米管以使部件具有高导电性		

表 5 – 15　申请号为 US09440851 的专利信息

专利名称	自适应流体结构		
申请号	US09440851	申请日	1999/11/16
公开（公告）号	US6276641B1	公开（公告）日	2001/8/21
摘要	本发明提供了一种自适应流体结构，其轮廓能够适应关于升力和侧向风、流动阻力和转向的不同操作要求。所述流体结构的后部被槽分成两个后部部分型材，所述槽沿所述流体结构的长度方向从所述后缘向所述中部穿透。这些后部部分型材中的每一个还具有柔性内蒙皮和柔性外蒙皮，所述柔性内蒙皮和柔性外蒙皮连续地紧固在所述中间部分上。具有推拉运动的致动器作用于每个内蒙皮，该运动通过接头从内蒙皮传递到内部结构元件，该内部结构元件通过刚性连接将这些运动作为弯矩传递到外蒙皮。所述自适应流体结构具有刚性中间部分、前部和紧固于其上的后部，柔性覆层覆盖所述前部和所述后部边缘，以及位于前部或后部并由作用在柔性覆层上的致动器驱动的结构元件		

表 5 – 16　申请号为 US11923909 的专利信息

专利名称	飞机线路系统		
申请号	US11923909	申请日	2007/10/25
公开（公告）号	US20080185478A1	公开（公告）日	2008/8/7
摘要	一种用于飞行器，特别是飞机的线路系统，具有多个组件，特别是机身单元的多个机身部分和多个机翼外壳。该线路系统包括用于传输动力和/或信息的多条线路，其中所述线路集成在支撑层上和/或支撑层中，所述支撑层位于外壳形状的组件上和/或支撑层中		

表 5 – 17　申请号为 US10868175 的专利信息

专利名称	具有冗余驱动器和轴驱动线的飞行器襟翼或缝翼驱动系统		
申请号	US10868175	申请日	2004/6/14
公开（公告）号	US20050029407A1	公开（公告）日	2005/2/10
摘要	一种飞行器襟翼（或缝翼）驱动装置，包括分别旋转驱动两个机翼中的第一和第二驱动线的第一和第二集中驱动单元。所述第一驱动线包括通过可选择性接合的分离装置首尾相连的轴段。在每个翼中，第一和第二驱动线的外侧端通过分离装置中的一个连接。至少一个致动器机构将每个挡板连接到第一驱动线的相应轴段，并将驱动线的旋转运动转换成挡板平移运动。如果一个部件发生断裂、堵塞或其他故障，则通过使两个相邻的分离装置脱开而将其隔离，其中有故障的部件位于它们之间，从而使设备的其余部分保持功能。所述驱动单元中的每一个或两个均可通过互连的第一和第二驱动线驱动一个或多个或全部所述挡板		

表 5 – 18　申请号为 US09837637 的专利信息

专利名称	用于压力可膨胀位移元件的压力控制系统		
申请号	US09837637	申请日	2001/4/17
公开（公告）号	US20020074459A1	公开（公告）日	2002/6/20
摘要	可弹性膨胀的中空位移元件固定到飞机机翼翼板的后表面。当位移元件收缩时，缝翼可以缩回到机翼的前缘上。当缝翼延伸时，位移元件膨胀以从板条凸出，从而防止在缝翼气隙中形成涡流并降低空气噪声。一种用于对置换元件进行充气和放气的压力控制系统，包括从飞机发动机排气系统连接到置换元件的排气管道、串联插入排气管的截止阀和压力控制阀，以及缝翼轮廓控制器，其通过相应的信号线连接到阀，所述阀控制供应到所述位移元件中的排气的量和压力，以使其适当地膨胀		

表 5 – 19　申请号为 US09727830 的专利信息

专利名称	一种抗裂纹扩展的飞机机身壳体组件		
申请号	US09727830	申请日	2000/11/30
公开（公告）号	US6595467B2	公开（公告）日	2003/7/22
摘要	当加强件（例如纵梁和框架件）焊接到蒙皮上以形成飞机机身壳体时，起源于蒙皮的裂纹倾向于通过焊接接头传播到加强件中。为了防止裂纹扩展到加强件中，加强件用腹板倍增板或由高强度钢或钛合金或纤维增强复合材料制成的张力带加强。所述位增板铆接或粘接在加强件腹板上，或者所述张紧带卷曲到加强件腹板中。所得到的机身壳体结构具有止裂性能，从而提高了残余强度，因此它可以与机身壳体的所有区域，包括机身的顶部和侧部以及底部的焊接接头一起使用		

表 5 – 20　申请号为 US12991174 的专利信息

专利名称	用于调节飞行器襟翼的容错致动系统，包括具有固定枢轴的调节运动学的以及用于监测致动系统的方法		
申请号	US12991174	申请日	2009/5/5
公开（公告）号	US20110062282A1	公开（公告）日	2011/3/17
摘要	一种具有至少一个襟翼的容错致动系统，可在飞机的相应机翼上调节，并具有控制和监视装置，包括：驱动装置，其在功能上连接到所述控制和监视装置，由于这些驱动装置中的一个在每种情况下都与襟翼相关联，其中在每种情况下每个襟翼与驱动装置相关联，每种情况包括两个驱动马达、两个制动机构，其中每个驱动马达与制动机构相关联，该制动机构用于停止各个驱动马达的输出旋转；差速器，所述差速器以求和方式将前述的输出耦合到前述的输出；输出轴，用于将所述差速器的输出耦合到驱动连接件；差速器锁，所述差速器锁在功能上连接到所述控制和监视装置，所述差速器锁以这种方式耦合到所述控制和监视装置，其中所述制动机构以及所述差速器锁中的每一个可以通过来自所述控制和监视装置的命令信号来操作；调节装置，所述调节装置联接到与所述襟翼相关联的相应驱动装置，其中每个调节装置在每种情况下包括变速器齿轮单元、调节机构和位置传感器，所述位置传感器在功能上连接到所述控制和监测装置以获取所述襟翼的调节状态。其中，所述控制和监视装置包括：致动功能，产生用于调节襟翼的驱动马达的命令信号；监视功能，当所述控制和监视装置基于襟翼的两个不同调节装置上的位置传感器的传感器值的比较确定超过预定范围的不同调节状态时，通过所述监视功能将命令信号传送到两个制动机构和差速器锁，用于操作所述差速器锁。本发明还提供了一种用于监视致动系统的方法		

表 5-21　申请号为 US14942466 的专利信息

专利名称	使用添加剂层制造的车辆部件的制造		
申请号	US14942466	申请日	2015/11/16
公开（公告）号	US10442002B2	公开（公告）日	2019/10/15
摘要	本发明涉及一种使用添加层制造的用于车辆的壳状结构部件的制造方法。在该方法的步骤中，将第一材料施加到壳状结构部件的区域。在该方法的另一个步骤中，通过激光束加热壳状结构部件的区域，使得第一材料被添加到壳状结构部件中。在另一步骤中冷却包括第一材料的壳状结构部件，使得在壳状结构部件内产生内应力，导致壳状结构部件弯曲。本发明还涉及一种通过使用添加层制造的方法制造的壳状结构部件		

表 5-22　申请号为 WOEP10059521 的专利信息

专利名称	桁条		
申请号	WOEP10059521	申请日	2010/7/5
公开（公告）号	WO2011003844A2	公开（公告）日	2011/1/13
摘要	一种层压复合桁条，在其纵向方向具有一个端部，且包括复合材料结构帘布层的层压叠层，其中内层在所述叠层被封端连续地向所述桁条终止以提供减小叠层厚度的锥度。此外还有一种复合结构，包括一面板和所述桁条；桁条制造方法。该复合结构可以用于飞机中		

5.10.3　空中客车运营简化股份有限公司

空中客车运营简化股份有限公司（AIRBUS OPERATIONS SAS）是空客公司的子公司，成立于 2001 年，总部位于法国图卢兹。该公司致力于研发、制造和销售商用飞机和军用运输机、直升机以及相关的航空航天产品和服务。空中客车运营简化股份有限公司是欧洲航空阵线的主要生产和制造中心之一。

空中客车运营简化股份有限公司的主要产品系列包括 A320 系列、A330 系列、A350 系列和 A380 系列等商用飞机，以及 A400M 军用运输机等。该公司还制造直升机、卫星和相关系统，并在太空技术领域进行研究和开发。

除了生产制造，空中客车运营简化股份有限公司还提供一系列相关的服务和解决方案，包括客户支持、维修、保养、升级和改装等。该公司还积极推进数字化转型和智能制造，以提高生产效率和产品质量，并加强与客户和供应商的协作，为客户提供更优质的产品和服务。

空中客车运营简化股份有限公司在法国图卢兹拥有生产和制造基地，并在法国其他地区和欧洲其他国家设有多个研发和生产中心。该公司在全球范围内拥有广泛的销售和服务网络，为客户提供全方位的支持和服务。

5.10.3.1 专利申请趋势

图 5-19 展示的是空中客车运营简化股份有限公司机身结构全球专利申请量在 2013—2022 年的发展趋势。通过申请趋势可以从宏观层面把握空中客车运营简化股份有限公司在这一阶段的机身结构专利申请热度变化。2013—2014 年,空中客车运营简化股份有限公司机身结构全球专利申请量呈减少趋势,从 2013 年的 63 件减至 2014 年的 43 件;2015 年,空中客车运营简化股份有限公司机身结构全球专利申请量略有回升,但在 2016—2017 年连续两年减少,2017 年全球专利申请量仅 27 件;2018 年,空中客车运营简化股份有限公司机身结构全球专利申请量又回升至 50 件;从 2019 年开始,空中客车运营简化股份有限公司机身结构全球专利申请量呈逐年减少趋势。

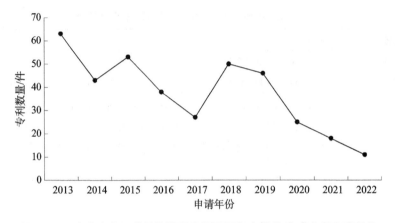

图 5-19 空中客车运营简化股份有限公司机身结构全球专利申请趋势

5.10.3.2 专利法律状态

图 5-20 展示的是空中客车运营简化股份有限公司机身结构全球专利法律状态分布。其中,有效专利 541 件,占比 47.3%;失效专利 514 件,占比 44.9%;审中专利

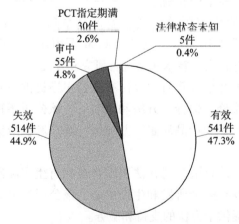

图 5-20 空中客车运营简化股份有限公司机身结构全球专利法律状态分布

55 件，占比 4.8%；PCT 指定期满专利 30 件，占比 2.6%；法律状态未知的专利 5 件，占比 0.4%。

5.10.3.3　专利类型

图 5-21 展示的是空中客车运营简化股份有限公司机身结构全球专利类型分布。其中，发明专利 1144 件，占比 99.9%；实用新型专利 1 件，占比 0.1%。

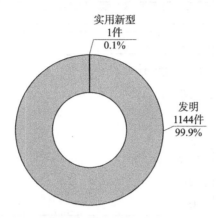

实用新型
1 件
0.1%

发明
1144 件
99.9%

图 5-21　空中客车运营简化股份有限公司机身结构全球专利类型分布

5.10.3.4　专利技术来源国家或地区排名

图 5-22 展示的是空中客车运营简化股份有限公司机身结构全球专利技术来源国家或地区排名。可以看出，空中客车运营简化股份有限公司机身结构全球专利技术主要来源国是法国。

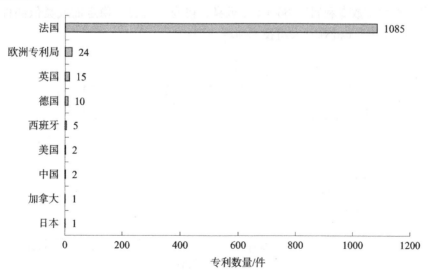

图 5-22　空中客车运营简化股份有限公司机身结构全球专利技术来源国家或地区排名

5.10.3.5 专利目标市场排名

图 5-23 展示的是空中客车运营简化股份有限公司机身结构全球专利目标市场排名情况。可以看出，美国、法国、欧洲专利局、加拿大是空中客车运营简化股份有限公司机身结构专利的主要布局所在。

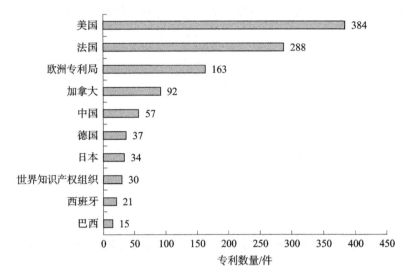

图 5-23　空中客车运营简化股份有限公司机身结构全球专利目标市场排名

5.10.3.6 专利技术构成分析

图 5-24 展示的空中客车运营简化股份有限公司机身结构全球专利技术构成情况。可以看出，绝大多数专利属于 B64C1（机身；机身，机翼，稳定面或类似部件共同的结构特征）、B64C3（机翼）大组技术领域。

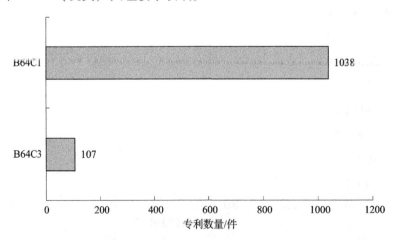

图 5-24　空中客车运营简化股份有限公司机身结构全球专利技术构成

5.10.3.7　高被引专利

对空中客车运营简化股份有限公司机身结构全球专利按被引证次数从高到低检索，列出排名前十位的高被引专利详细信息，见表 5－23～表 5－32。

表 5－23　申请号为 US09341573 的专利信息

专利名称	具有维护和定位安全元件的飞机推进装置风扇罩		
申请号	US09341573	申请日	1999/8/2
公开（公告）号	US6334588B1	公开（公告）日	2002/1/1
摘要	在诸如喷气式发动机的飞行器推进系统中，风扇罩（22）铰接到支撑支柱或塔架（12）上，中心或核心发动机（14）通过该支撑支柱或塔架连接到翼元件（10）。风扇罩（22）由钩锁（32a、32b）保持闭合，钩锁连接它们的下边缘。为了消除任何意外打开的危险，导向装置（36、38）设置在风扇罩（22）的下边缘和连接到中心发动机（14）的结构（20、24、26）之间，至少在风扇罩的前部。前部结构（20）可阻止风扇罩的任何轴向和径向位移		

表 5－24　申请号为 US10945101 的专利信息

专利名称	用于确保飞行器上表面的空气动力连续性的方法和扰流板系统		
申请号	US10945101	申请日	2004/9/21
公开（公告）号	US20050061922A1	公开（公告）日	2005/3/24
摘要	一种用于确保飞机机翼上表面的空气动力连续性的方法和扰流板系统。根据本发明，扰流板（7）具有可调节长度的弦（C），并且设置有用于当所述扰流板（7）处于缩回位置时作用于所述弦的长度的装置（16、19、20）		

表 5－25　申请号为 US09245842 的专利信息

专利名称	一种飞机前部结构		
申请号	US09245842	申请日	1999/2/8
公开（公告）号	US6213428B1	公开（公告）日	2001/4/10
摘要	一种用于宽体和非常宽体货运飞机的飞机前部结构，其特征在于在下前端部分存在无压力起落架舱。起落架舱室由顶部的天花板和朝向后部的隔板形成，所述天花板优选为拱形。在隔板中设置的门提供穿过起落架舱到达位于所述隔板后面的加压舱的通路。起落架舱前部的开口还提供进入雷达室的通道，而不需要拆卸雷达罩。起落架舱室的原有布局，使前起落架的安装尺寸大于现有飞机的安装尺寸		

表 5－26　申请号为 US08126708 的专利信息

专利名称	飞机机翼前缘的刚性克鲁格机头		
申请号	US08126708	申请日	1993/9/24
公开（公告）号	US5474265A	公开（公告）日	1995/12/12
摘要	飞机机翼的前缘（12）配备有克鲁格机头，克鲁格机头包括刚性襟翼（18）和确保襟翼在中间着陆位置（P3）和起飞位置（P2）展开的机构（26、28、30、40）。该机构的设置使得在着陆位置（P3）中，在襟翼（18）和前缘之间存在狭槽，而在起飞位置（P2）中没有狭槽。该机构优选地包括连接控制换向杆（26）和中间换向杆（40）的两个连接杆（28、30）		

表 5 – 27　申请号为 US08950366 的专利信息

专利名称	用于电传飞行器的飞行辅助装置		
申请号	US08950366	申请日	1997/10/14
公开（公告）号	US6000662A	公开（公告）日	1999/12/14
摘要	一种用于电传飞行器的飞行辅助装置，其具有至少两个机械上独立的控制柱（M1、M2）。所述装置（1）包括：系统（SO），用于检测对应于至少两个控制柱（M1、M2）的同时操作的多个控制；以及通知系统（S1、S2、S3、S4），其中每一个都与控制柱（M1、M2）中的一个相关联，并用于在控制柱（M1、M2）内产生触觉，当检测系统（SO）检测到多个控制时，该触觉将多个控制通知给操作控制柱（M1、M2）的飞机的飞行员		

表 5 – 28　申请号为 US10050916 的专利信息

专利名称	用于飞机门板的铰接装置和集成该装置的飞机门		
申请号	US10050916	申请日	2002/1/22
公开（公告）号	US20020096602A1	公开（公告）日	2002/7/25
摘要	一种用于飞机门板的铰接装置和集成这种装置的飞机门。一个飞机门板通过一个装置（20）铰接在门框上，该装置限定了一个近似椭圆形的打开和关闭轨迹，其中长轴近似垂直于门板。所述装置（20）尤其包括主臂（30）、在主臂的端部铰接的副臂（32）和控制杆（34），所述控制杆（34）通过靠近门框上的主臂（30）和副臂（32）的铰接轴（A4、A5）将副臂（32）连接到门框上。这种布置使得可以将一个更大的紧急出口滑槽装配到门板中		

表 5 – 29　申请号为 US10212065 的专利信息

专利名称	具有腹面整流罩和飞行器用密封件的飞行器		
申请号	US10212065	申请日	2002/8/6
公开（公告）号	US20030066933A1	公开（公告）日	2003/4/10
摘要	一种飞行器，包括机身和具有两个机翼的固定飞行表面，以及在其与飞行表面的交叉处的托架形腹侧整流罩，其设置有沿着机身横向爬升的两个纵向凸缘，并且设置有用于通过相应机翼的间隙的开口，以形成围绕腹侧整流装置的第一周边槽和围绕每个机翼的第二周边槽。细长密封件固定到腹侧整流罩的外围和每个开口的外围，以便分别关闭第一和第二周边槽。密封件包括通过其自由端的内表面分别施加在机身或飞行表面上的纵向弹性端唇，以及由密封件的内表面承载的纵向密封构件，该密封构件相对于端唇前后，并且还能够分别施加在飞机机身或飞行表面上。附加的纵向密封构件是径向弹性的卷边		

表 5 - 30　申请号为 US10409761 的专利信息

专利名称	多个致动器的控制系统和方法		
申请号	US10409761	申请日	2003/4/8
公开（公告）号	US20030195673A1	公开（公告）日	2003/10/16
摘要	本发明涉及一种用于控制多个致动器的系统（A11…，AnR），包括至少两个计算机（L1，L2，…，Lk）和至少两个装置（C1，C2，…，Cn）控制至少一个致动器，各控制模块能够通过至少一个第一连接（16）控制至少一个致动器，并且能够通过至少一个第二连接（15）接收关于该至少一个致动器的信息，其中每个控制模块通过至少两个第一通信总线（11、12、13）连接到至少两个计算机		

表 5 - 31　申请号为 US10441191 的专利信息

专利名称	主动控制机翼翘曲的飞行器		
申请号	US10441191	申请日	2003/5/20
公开（公告）号	US20040000619A1	公开（公告）日	2004/1/1
摘要	按照本发明，在飞机的每个机翼的外端（10）铰接一个相对于所述机翼向后掠的附加空气动力飞机（14）。所述飞机（14）的枢转以这样一种方式控制，即在所述飞机的至少某些飞行点，由所述飞机（14）产生的空气动力将所述机翼的参考经线修改为用于相关飞行点的空气动力最优经线		

表 5 - 32　申请号为 US12046231 的专利信息

专利名称	辅助飞机导航的方法和装置		
申请号	US12046231	申请日	2008/3/11
公开（公告）号	US20080228333A1	公开（公告）日	2008/9/18
摘要	该装置（1）包括用于确定引导指令的装置（4、7），该引导指令能够引导航空器，使得航空器在与时间约束相对应的时间通过特定检查点，同时考虑与该时间约束相关的准确度水平和用于计算所述引导指令的至少一个参数的误差水平		

5.10.4　贝尔直升机泰克斯特龙公司

　　贝尔直升机泰克斯特龙公司（BELL HELICOPTER TEXTRON INC.）是泰克斯特龙公司（TEXTRON INC.）旗下的子公司，成立于 1935 年，总部位于美国得克萨斯州的福特沃斯市。该公司是全球领先的民用和军用直升机制造商之一，致力于研发、制造和销售高性能的直升机和相关产品。

　　贝尔直升机泰克斯特龙公司的产品系列非常广泛，包括单发和双发轻型和中型直升机、大型直升机、垂直起降和倾转旋翼机等。其中，最著名的产品系列是 UH - 1 系列直升机。

贝尔直升机泰克斯特龙公司的直升机产品广泛应用于各种领域，包括公共服务、医疗救援、搜救、运输、警用、消防、军事等。该公司的客户遍布全球，包括政府、军队、航空公司、企业和个人等。

贝尔直升机泰克斯特龙公司在全球拥有多个生产基地和研发中心，包括美国、加拿大和捷克等地。该公司还提供全方位的客户支持和服务，包括维修、保养、升级和改装等。

作为直升机行业的领导者，贝尔直升机泰克斯特龙公司一直致力于技术创新和数字化转型。该公司的研发团队不断探索新的技术和材料，以提高直升机的性能和安全性。同时，贝尔直升机泰克斯特龙公司也积极推行数字化转型，应用人工智能、大数据等技术提高生产效率和产品质量。

5.10.4.1 专利申请趋势

图5-25展示的是贝尔直升机泰克斯特龙公司机身结构全球专利申请量在2013—2019年的发展趋势。通过申请趋势可以从宏观层面把握贝尔直升机泰克斯特龙公司在这一阶段的机身结构专利申请热度变化。2013—2015年，贝尔直升机泰克斯特龙公司机身结构全球专利申请量呈快速减少趋势；2015—2017年，贝尔直升机泰克斯特龙公司机身结构全球专利申请量呈快速增长趋势，2017年全球专利申请量为31件；2017—2019年，贝尔直升机泰克斯特龙公司机身结构全球专利申请量呈迅速减少趋势。

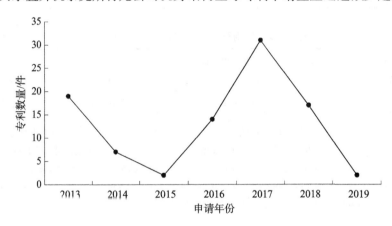

图5-25 贝尔直升机泰克斯特龙公司机身结构全球专利申请趋势

5.10.4.2 专利法律状态

图5-26展示的是贝尔直升机泰克斯特龙公司机身结构全球专利法律状态分布。其中，有效专利114件，占比70%；失效专利31件，占比19%；PCT指定期满专利9件，占比6%；法律状态未知的专利5件，占比3%；审中专利3件，占比2%。

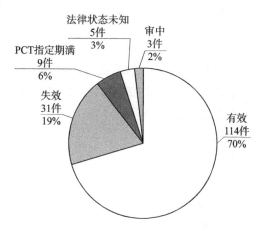

图 5 - 26　贝尔直升机泰克斯特龙公司机身结构全球专利法律状态分布

5. 10. 4. 3　专利类型

贝尔直升机泰克斯特龙公司的 162 件机身结构全球专利均为发明专利。

5. 10. 4. 4　专利技术来源国家或地区排名

图 5 - 27 展示的是贝尔直升机泰克斯特龙公司机身结构领域的专利技术来源国家或地区排名。由图可以看出,贝尔直升机泰克斯特龙公司机身结构的专利技术主要来源国是美国。

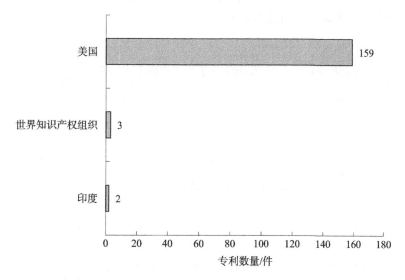

图 5 - 27　贝尔直升机泰克斯特龙公司机身结构全球专利技术来源国家或地区排名

5. 10. 4. 5　专利目标市场排名

图 5 - 28 展示的是贝尔直升机泰克斯特龙公司机身结构全球专利目标市场排名情

况。可以看出，美国、欧洲专利局是贝尔直升机泰克斯特龙公司机身结构专利的主要布局所在。

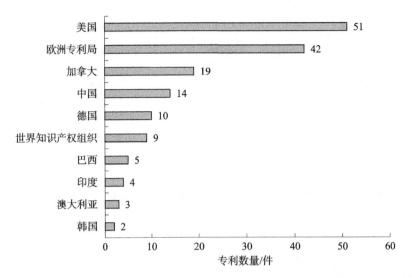

图 5 - 28 贝尔直升机泰克斯特龙公司机身结构全球专利目标市场排名

5.10.4.6 专利技术构成分析

图 5 - 29 展示的贝尔直升机泰克斯特龙公司机身结构全球专利技术构成情况。可以看出，绝大多数专利属于 B64C1（机身；机身，机翼，稳定面或类似部件共同的结构特征）、B64C3（机翼）大组技术领域。

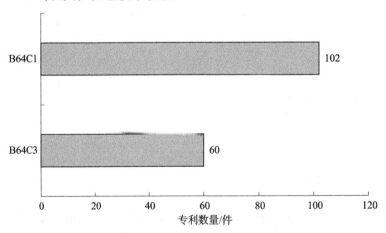

图 5 - 29 贝尔直升机泰克斯特龙公司机身结构全球专利技术构成

5.10.4.7 高被引专利

对贝尔直升机泰克斯特龙公司机身结构全球专利按被引证次数从高到低检索，列出排名前十位的高被引专利详细信息，见表 5 - 33 ~ 表 5 - 42。

表 5 – 33　申请号为 US06530987 的专利信息

专利名称	吸能复合材料飞机结构		
申请号	US06530987	申请日	1983/9/9
公开（公告）号	US4593870A	公开（公告）日	1986/6/10
摘要	提供一种能量吸收器。该能量吸收器包括由复合材料（84）形成的薄板（78），用于在板（78）的两个相对边缘之间的平面内反作用压缩力。所述薄板（78）被构造成当力施加到相对边缘时抵抗整体弯曲破坏。所述能量吸收器还包括受力结构（90、92），所述受力结构（90、92）用于直接接收力至所述薄板（78）的一个边缘，并用于接收力至所述薄板（78）的相对边缘，以开始平行于所述另一边缘的局部折叠，从而推进所述薄板（78）的挤压和局部折叠		

表 5 – 34　申请号为 US08063937 的专利信息

专利名称	具有整体燃料箱的耐坠毁复合材料飞机结构		
申请号	US08063937	申请日	1993/5/18
公开（公告）号	US5451015A	公开（公告）日	1995/9/19
摘要	一种两用舱壁结构，用于在坠毁期间支撑正常的飞机操作载荷并以受控的方式吸收能量。一种整体式燃料箱，包括燃料室和耐碰撞柔性燃料电池。燃料室包括两个两用隔板和设置在燃料电池的侧面与隔板和燃料室的侧面之间的可压碎泡沫。在碰撞过程中，泡沫限制了燃料箱隔板和侧面上的燃油压力载荷，从而防止它们失效		

表 5 – 35　申请号为 US09457821 的专利信息

专利名称	微调致动器		
申请号	US09457821	申请日	1999/12/9
公开（公告）号	US6325331B1	公开（公告）日	2001/12/4
摘要	一种微调致动器，用于响应来自飞行员的信号来致动飞行器飞行控制系统中的机械控制。所述微调致动器具有步进电机、连接到所述步进电机的齿轮系构件、连接到所述齿轮系构件的输出构件。所述微调致动器具有锁定模式和非干扰模式，在所述锁定模式下，所述机械控制相对于所述飞行器保持在固定位置，在所述非干扰模式下，所述机械控制可由所述飞行员自由移动，而不受所述飞行器飞行控制系统的干扰。无干扰模式和锁定模式均由步进电机实现		

表 5 – 36　申请号为 US10053312 的专利信息

专利名称	一种耦合式飞机旋翼系统		
申请号	US10053312	申请日	2002/1/18
公开（公告）号	US200201348835B2	公开（公告）日	2003/9/9
摘要	本发明的倾转旋翼飞行器具有三种操作模式：飞机模式、直升机模式和过渡模式。使飞行器在飞机模式和直升机模式之间转换的倾斜桅杆由允许旋翼桨叶在飞行模式之间选择性移动的系统控制。轮毂将转子叶片连接到倾斜桅杆，传递扭矩和推力，同时允许转子推力矢量倾斜。主斜盘控制转子推力矢量方向。变桨喇叭通过变桨连杆连接到转子叶片和主斜盘，使得斜盘输入端与转子叶片连通。所述节距链路以非最佳的"DELTA – 3"值耦合。反馈斜盘和反馈连杆接收来自转子叶片的盘倾斜输入，并将输入提供给主斜盘，以补偿小于最佳"DELTA – 3"值的耦合		

表 5 – 37   申请号为 US15428687 的专利信息

专利名称	具有旋转和非旋转飞行模式的倾转旋翼飞机		
申请号	US15428687	申请日	2017/2/9
公开（公告）号	US20170144746A1	公开（公告）日	2017/5/25
摘要	使倾转旋翼飞机在旋转和非旋转飞行模式之间转换的机构。该机构包括围绕桅杆定位的万向节锁，该万向节锁可操作以选择性地启用和禁用转子组件相对于桅杆的万向节自由度。围绕桅杆定位的叶片止动组件包括具有径向收缩定向和径向延伸定向的多个臂。叶片锁定组件可操作地与每个转子叶片组件相关联。每个叶片锁定组件可操作以选择性地启用和禁用相应转子叶片组件的折叠自由度和俯仰自由度。斜盘可操作以在旋转飞行模式下改变转子叶片组件的节距，并在非旋转飞行模式下折叠转子叶片组件		

表 5 – 38   申请号为 US10276114 的专利信息

专利名称	动力杆触觉提示系统		
申请号	US10276114	申请日	2002/11/12
公开（公告）号	US20030094539A1	公开（公告）日	2003/5/22
摘要	本发明是一种用于在接近飞机的操作极限时向飞行员提供触觉警报的动力杆触觉提示系统。所述提示系统产生触觉提示，所述触觉提示包括飞行器的动力杆上的可变俯冲速率和可变摩擦力。所述提示系统在功率命令达到预定操作极限时提供弹簧状触觉提示，而不使用机械弹簧。提示系统修整动力杆位置并基于飞机和发动机状态提供附加摩擦力。提示系统保持激活，直到飞行器再次在其操作极限内操作。在某些情况下，飞行员可以操控提示系统		

表 5 – 39   申请号为 US10546490 的专利信息

专利名称	用于结构蒙皮的接触加强件		
申请号	US10546490	申请日	2004/2/24
公开（公告）号	US20070011970A1	公开（公告）日	2007/1/18
摘要	公开了一种具有不同构造的内部加强构件，其中加强元件使用仅压缩的载荷路径来支撑蒙皮。在优选实施例中，加强元件具有适于与蒙皮压合接触的周缘。加强构件可通过各种保持装置保持就位。另一种构造是具有凸缘的滑入肋，该凸缘具有周向通道，在该周向通道中设置有填充材料。所述肋插入装配好的结构箱梁中，填充材料填充滑入肋与结构箱梁内表面之间的任何间隙。填充材料优选是可膨胀材料，例如可膨胀泡沫型材料。但是，在滑入肋形成主要结构肋的情况下，填充材料优选为结构黏合剂或液体垫片材料。固体黏合剂或填充物在来自局部装配附件处的紧固件或螺栓的夹紧力下不会破碎		

表 5 - 40　申请号为 US13696963 的专利信息

专利名称	垂直飞行轨迹的飞行控制规律		
申请号	US13696963	申请日	2011/1/14
公开（公告）号	US20130060406A1	公开（公告）日	2013/3/7
摘要	一种用于控制飞行器垂直飞行路径的飞行控制系统和方法，所述飞行控制系统包括稳定的解耦模型，所述稳定的解耦模型具有解耦的横向运动方程和解耦的纵向运动方程，以及可操作地与所述稳定的解耦模型相关联的反馈指令回路。反馈指令回路包括垂直航迹角控制规律、高度控制规律和垂直速度控制规律		

表 5 - 41　申请号为 US11794850 的专利信息

专利名称	用于向叶片系统提供挠曲的组件		
申请号	US11794850	申请日	2006/1/24
公开（公告）号	US20080101934A1	公开（公告）日	2008/5/1
摘要	一种用于向旋转叶片系统的叶片提供挠曲的组件，包括具有上弯曲表面的上支撑板、具有下弯曲表面的下支撑板以及位于它们之间的轭。上轭表面和下轭表面中的至少一个具有位于其上并固定到其上的缓冲材料层。一种替代实施例包括用于向旋转叶片系统的叶片提供挠曲的组件，该组件包括具有上弯曲表面的上支撑板、具有下弯曲表面的下支撑板以及定位在上支撑板和下支撑板之间并直接接触支撑板的轭，其中弯曲表面中的一个是非圆弧，该非圆弧不形成圆周的一部分。另一个替代实施例包括类似的组件，该组件具有扭柄型轭，用于提供所附接的叶片绕其各自的节距轴线的旋转		

表 5 - 42　申请号为 US11814923 的专利信息

专利名称	双电机双同心阀		
申请号	US11814923	申请日	2005/6/27
公开（公告）号	US20080185476A1	公开（公告）日	2008/8/7
摘要	一种致动器控制系统，具有双同心伺服阀，该双同心伺服阀具有滑阀和至少一个适于选择性地移动滑阀的马达		

5.10.5　庞巴迪公司

庞巴迪公司（BOMBARDIER INC.）是一家总部位于加拿大魁北克蒙特利尔的跨国交通运输设备制造商，创立于 1942 年，其产品包括商务喷气机、区域飞机、火车和公共交通系统等。

庞巴迪公司在全球 25 个国家拥有业务，并有超过 60 个国家使用其产品和服务。其业务部门包括商务飞机、商用飞机、航空结构和工程服务以及交通运输。

商务飞机部门设计、制造和提供私人飞机的售后支持，包括 Learjet、Challenger 和 Global 系列的飞机。商用飞机部门生产区域飞机，例如 CRJ 系列和 Q400 涡轮螺旋桨飞机，同时提供售后支持。航空结构和工程服务部门为飞机制造商和航空公司提供飞机零部件和工程服务。交通运输部门生产乘客列车车厢、机车和相关设备，并提供相关服务。

庞巴迪公司经历了重大重组，剥离了几项业务，以便专注于其核心交通运输和航空业务。2020 年，该公司宣布将其铁路业务出售给法国跨国铁路运输公司阿尔斯通公司。庞巴迪公司还于 2019 年将其商务航空部门出售给了泰克斯特龙公司。

5.10.5.1 专利申请趋势

图 5 - 30 展示的是庞巴迪公司机身结构全球专利申请量在 2013—2022 年的发展趋势。通过申请趋势可以从宏观层面把握庞巴迪公司在这一阶段的机身结构专利申请热度变化。2013—2014 年，庞巴迪公司机身结构全球专利申请量略有减少；2015—2016 年，庞巴迪公司机身结构全球专利申请量连续两年有所增长；2017 年，庞巴迪公司机身结构全球专利申请量减少；2018 年和 2019 年两年的全球专利申请量呈快速增长态势，2019 年全球专利申请量为 33 件；从 2020 年开始，庞巴迪公司机身结构全球专利申请量逐年减少，2022 年全球专利申请量为 1 件。

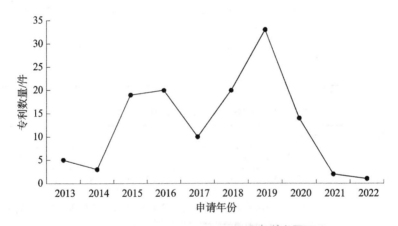

图 5 - 30　庞巴迪公司机身结构全球专利申请趋势

5.10.5.2 专利法律状态

图 5 - 31 展示的是庞巴迪公司机身结构全球专利法律状态分布。其中，有效专利 47 件，占比 33.3%；失效专利 40 件，占比 28.4%；审中专利 33 件，占比 23.4%；PCT 指定期满专利 21 件，占比 14.9%。

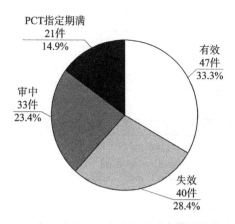

图 5 – 31　庞巴迪公司机身结构全球专利法律状态分布

5. 10. 5. 3　专利类型

庞巴迪公司的 141 件机身结构全球专利均为发明专利。

5. 10. 5. 4　专利技术来源国家或地区排名

图 5 – 32 展示的是庞巴迪公司机身结构全球专利技术来源国家或地区排名。可以看出，庞巴迪公司机身结构专利技术主要来源国是美国。

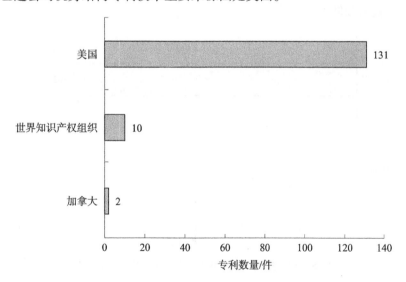

图 5 – 32　庞巴迪公司机身结构全球专利技术来源国家或地区排名

5. 10. 5. 5　专利目标市场排名

图 5 – 33 展示的是庞巴迪公司在机身结构全球专利目标市场排名情况。可以看出，欧洲专利局、美国、加拿大是庞巴迪公司机身结构专利的主要布局所在。

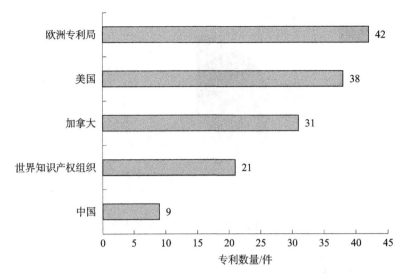

图5-33　庞巴迪公司机身结构全球专利目标市场排名

5.10.5.6　专利技术构成分析

图5-34展示的庞巴迪公司机身结构全球专利技术构成情况。可以看出，绝大多数专利属于B64C1（机身；机身，机翼，稳定面或类似部件共同的结构特征）、B64C3（机翼）大组技术领域。

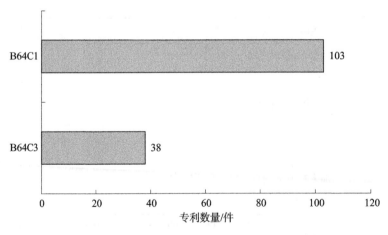

图5-34　庞巴迪公司机身结构全球专利技术构成

5.10.5.7　高被引专利

对庞巴迪公司机身结构全球专利按被引证次数从高到低检索，列出排名前十位的高被引专利详细信息，见表5-43~表5-52。

表 5 - 43　申请号为 WOIB12000375 的专利信息

专利名称	飞机舱门连接组件		
申请号	WOIB12000375	申请日	2012/2/29
公开（公告）号	WO2013128219A1	公开（公告）日	2013/9/6
摘要	一种连接组件，用于一种应急飞机舱门。该组件包括：第一对非平行连杆，枢转地连接到机身；和第二对非平行连杆，连接到所述舱门。所述第一对连杆中的一个连杆可枢转地连接到所述第二对连杆的两个连杆，并且第二对的连杆中的一个连杆以枢转方式连接到第一对连杆的两个连杆。一种紧凑的组件可被实现		

表 5 - 44　申请号为 US15114532 的专利信息

专利名称	用于操纵飞行操纵面致动的装置和方法		
申请号	US15114532	申请日	2015/1/30
公开（公告）号	US20160355253A1	公开（公告）日	2016/12/8
摘要	本文公开了用于致动固定翼飞机的飞行控制表面（16a - c）的设备和方法。公开的示例性设备包括：用于致动多个飞行控制表面的公共可移动驱动构件（20）；第一动力传递装置（24a），其被配置为可变地调节从所述公共可移动驱动构件到所述多个飞行控制表面中的第一飞行控制表面的动力传递；和第二动力传递装置（24b），所述第二动力传递装置（24b）被配置为可变地调节从公共可移动驱动构件到多个飞行控制表面中的第二飞行控制表面的动力传递。传递到第二飞行控制表面的功率可以独立于传递到第一飞行控制表面的功率来调节。还公开了使用磁流变流体或电流变流体致动飞行控制表面的装置和方法		

表 5 - 45　申请号为 US14164858 的专利信息

专利名称	用于系统的分布式体系结构和系统的操作方法，所述系统包括在车辆驾驶室中的图形用户界面控制功能		
申请号	US14164858	申请日	2014/1/27
公开（公告）号	US9205914B1	公开（公告）日	2015/12/8
摘要	一种飞机座舱功能多节点控制的分布式结构。分布式体系结构包括处理器、可操作地连接到处理器的控制器、可操作地连接到控制器的乘客 I/O 节点以及可操作地连接到控制器的机组人员 I/O 节点。乘客 I/O 节点和机组人员 I/O 节点能够控制航空器机舱中的光强度、航空器机舱中的光的颜色、航空器机舱中的温度以及航空器机舱中的至少一个或多个窗帘的打开程度中的。还提供了一种方法和可执行计算机程序的产品		

表 5 - 46 申请号为 US15364308 的专利信息

专利名称	电传飞行控制系统和方法		
申请号	US15364308	申请日	2016/11/30
公开（公告）号	US20170081019A1	公开（公告）日	2017/3/23
摘要	一种多轴串行冗余、单通道、多路径电传飞行控制系统，包括：在单通道中的串行冗余飞行控制计算机，其中只有一个"主"飞行控制计算机是活动的，并且在任何给定时间进行控制；包括稳定器电机控制单元（SMCU）和致动器电子控制模块（AECM）的并行飞行控制面控制器的矩阵在单个通道内定义多个控制路径，每个控制路径用不同的硬件实现，并且每个控制路径响应于主飞行控制计算机的飞行控制面命令来控制飞行器上的一组分布式飞行控制面的运动；以及一组（驾驶员和副驾驶员）控制和飞行器表面/参考/导航传感器和系统，其向主飞行控制计算机提供输入，并用于生成飞行控制表面命令，从而根据在飞行控制计算机中实现的控制规则算法来控制飞行中的飞行器		

表 5 - 47 申请号为 WOUS12066620 的专利信息

专利名称	选挡杆的故障检测机构		
申请号	WOUS12066620	申请日	2012/11/27
公开（公告）号	WO2014084809A1	公开（公告）日	2014/6/5
摘要	一种选挡杆，包括具有前端和后端的壳体（16）和杆（12），所述杆（12）具有可枢转地设置在横轴（20）上的轴。所述轴定义了一条轴线。所述杆的顶部设置在壳体外部。可移动轴（24）基本上沿着轴线轴向移动。具有第一凸起和第二凸起（50、52）的销（40）设置在可移动轴的底端（38）附近。第一制动板（44）设置在可移动轴的第一侧上，并且至少包括容纳第一凸起的第一槽（42）。第二制动板（44）设置在可移动轴的第二侧上，并且其至少包括容纳第二凸起的第二槽。第一故障检测槽（74）与第一槽相关联，在没有第二凸起（52）的情况下允许第一凸起（50）在其中移动		

表 5 - 48 申请号为 US14364206 的专利信息

专利名称	拖动空档车窗		
申请号	US14364206	申请日	2012/12/18
公开（公告）号	US20140314973A1	公开（公告）日	2014/10/23
摘要	一种用于车辆的窗户，包括可悬挂在框架内的至少一个透明窗格。透明窗格包括可变形材料。透明窗格限定了当不经受横跨其间的压差时的第一表面位置 H1 和当经受横跨其间的压差时的第二表面位置 H2。第一和第二表面位置是参照外部模塑线限定的。第一表面位置 H1 限定相对于外部模塑线的反向曲率。响应于差压 ΔP，第二表面位置 H2 包括透明窗格的凸出预定距离 ΔH。框架被构造成定位在车辆内，使得当经受压差 ΔP 时，透明窗格呈现与车辆的外部模塑线基本一致的表面		

表 5 - 49　申请号为 WOIB12001600 的专利信息

专利名称	用于飞机内部的门组件		
申请号	WOIB12001600	申请日	2012/8/17
公开（公告）号	WO2014027215A1	公开（公告）日	2014/2/20
摘要	描述了用于飞机内部的门组件，所述门组件可以包括：用于打开和关闭飞机内部的区域（12、14）之间的孔（20）的门（18）和构造成将门（18）连接到飞机内部的接口（40）。减压元件（36）可形成门（18）的至少一部分，其中减压元件（36）由磁力保持，该磁力经校准以允许在减压元件（36）上存在预定压差时释放减压元件（36）。还公开了用于减少飞机内部的门（18）上的光泄漏的部件和机构		

表 5 - 50　申请号为 US14408722 的专利信息

专利名称	飞机变形机翼		
申请号	US14408722	申请日	2013/6/21
公开（公告）号	US20150151830A1	公开（公告）日	2015/6/4
摘要	一种用于飞行器的变形机翼，包括顶面、底面、前缘、后缘、尖端和根部。多个结构肋设置在根部和尖端之间，使得它们在顶面和底面之间延伸并与它们的横向轴线相交。至少一个主动构件沿着所述横向轴线在两个相邻的结构肋之间连接或以与所述横向轴线成第一角度连接。主动构件是可主动调节的。至少一个被动构件沿着所述横向轴线在所述两个相邻的结构肋之间连接，或者以与所述横向轴线成第二角度连接。无源元件是可被动调节的。至少一个主动构件的调节使相邻的结构肋相对于彼此移动，从而使机翼从第一构型变形为第二构型		

表 5 - 51　申请号为 US15311200 的专利信息

专利名称	飞机飞行操纵面的致动器和方法		
申请号	US15311200	申请日	2015/5/13
公开（公告）号	US20170088251A1	公开（公告）日	2017/3/30
摘要	本发明公开了在操作飞机飞行控制表面中有用的致动器和方法。当检测到诸如与致动器相关联的堵塞之类的故障状况时，所公开的一些致动器和方法可用于操作飞行控制表面。公开的示例性机电致动器包括：马达；第一螺杆，当由所述马达驱动时，所述第一螺杆被配置成相对于所述飞行器的结构平移运动；与所述第一螺杆串联安装的第二螺杆；以及熔丝元件，其将所述第一螺杆和所述第二螺钉连接在一起以允许所述第二螺杆与所述第一螺杆一起平移运动。熔丝元件可允许第二螺杆与第一螺丝至少部分地脱离接合，以允许第二螺杆相对于第一螺杆平移。熔丝元件还可以允许飞行控制表面的主动颤振阻尼。熔丝元件可以包括磁流变流体		

表 5 – 52　申请号为 US14421625 的专利信息

专利名称	用于飞机内部的门组件		
申请号	US14421625	申请日	2012/8/17
公开（公告）号	US20150210373A1	公开（公告）日	2015/7/30
摘要	描述了用于飞机内部的门组件。所述门组件可以包括：用于打开和关闭飞行器内部的区域之间的孔的门，以及构造成将门耦合到飞行器内部的接口。卸压元件可形成门的至少一部分，其中卸压元件通过磁力保持，所述磁力经校准以在卸压元件上存在预定压差时允许卸压元件的释放。本发明还公开了用于减少飞机内部的门的光泄漏的部件和机构		